人工智能基础与应用

第2版

主　编　丁　艳

副主编　刘正发

参　编　黄　文　高思凯　梁思妍
　　　　彭荣荣　周　攀　向程龙

机械工业出版社
CHINA MACHINE PRESS

本教材编写理念先进、重在应用，主要内容包括初探人工智能、认知人工智能的基础支撑、认知人工智能的应用技术、探索人工智能的行业应用四个项目。本教材通过文字、视频、动态图和实训平台等多种形式，立体、多角度地呈现内容，构成一个教与学的互动系统，让学习资源交互、联动起来。读者可打开艾智讯网站 www.aitrais.com，完成登录并激活，浏览课程多媒体互动资源或进行实训项目操作。

本教材可作为职业院校计算机公共课、信息技术公共基础课程的教学用书，也可供对人工智能感兴趣的读者阅读。

图书在版编目（CIP）数据

人工智能基础与应用／丁艳主编. —2 版. —北京：
机械工业出版社，2024. 1（2025. 1 重印）
ISBN 978 - 7 - 111 - 74412 - 2

Ⅰ.①人… Ⅱ.①丁… Ⅲ.①人工智能 Ⅳ.①TP18

中国国家版本馆 CIP 数据核字（2023）第 234595 号

机械工业出版社（北京市百万庄大街 22 号 邮政编码 100037）
策划编辑：张雁茹　　　　　　　责任编辑：张雁茹
责任校对：张雨霏　王 延　　　责任印制：常天培
北京宝隆世纪印刷有限公司印刷
2025 年 1 月第 2 版第 5 次印刷
184mm×260mm·10 印张·216 千字
标准书号：ISBN 978 - 7 - 111 - 74412 - 2
定价：49.90 元

电话服务　　　　　　　　　网络服务
客服电话：010-88361066　　机 工 官 网：www.cmpbook.com
　　　　　010-88379833　　机 工 官 博：weibo.com/cmp1952
　　　　　010-68326294　　金 书 网：www.golden-book.com
封底无防伪标均为盗版　　机工教育服务网：www.cmpedu.com

序言

拥抱人工智能训练师新职业

人类社会已开始迈入人工智能时代，当前人工智能已进入认知深化和加速发展的新阶段。人工智能作为新一轮技术革命的核心驱动力和经济转型的新引擎，正释放出历次科技革命、产业革命积蓄的巨大能量，重构从制造到消费、从创意到服务的产业链条，激发从宏观经济到微观经济的智能化新需求，催生新技术、新产品、新业态、新模式，进而引发产业结构的重大变革，实现社会生产力的整体跃升。人工智能已不只是简单的理念，而是已运用到看得见、摸得着的场景中，立足于应用场景驱动的不断落地，实实在在解决人们的生活新需求，使得万物互联、万物可交互可对话成为现实。正如抗击新冠疫情中人工智能新科技的应用使得社会更有效率，同时充满温度，它将促进新一代人工智能规划的"三步走"战略更快实现，进一步增强我国的国际话语权。

我国的人工智能发展面临着前所未有的新机遇，抗击新冠疫情中兴起的"新基建"，既是先进的智能科技，又是赋能智慧经济的基础设施。智能科技正在成为改变全球、变革时代的推动力量，也深刻影响着科技进步、产业升级、经济转型。第四届世界智能大会提出拥抱智能时代，新基建将赋能各行各业的智能化转型，为我国产业升级注入强大的数字推动力，带来深刻的产业变革。从一定程度上讲，这次疫情过后我国将不再有纯粹的传统产业，每个行业或多或少都开启了数字化、智能化的进程。疫情促成了世界范围内的在线网络活动热潮，大家通过在线物流、在线信息流、在线教育、在线医疗等，实现了居家生活隔而不断，甚至实现了精准有序的复工复产，"云"活动在"颠覆传统"中凸显其旺盛的生命力。

紧紧把握此次数字化、智能化的契机，利用智能科技把数据这个新兴生产要素嵌入传统产业全链条改造升级中，让智能产业和智能化的应用帮助中国经济应对疫情冲击时更具韧性和抵抗力。这就需要我们紧紧跟上新基建的发展，加快发展产业互联网，让中国经济的复苏步伐更加坚定有力。

毋庸置疑，我们的生活和工作正在不知不觉中被人工智能影响和推动。一些原来必须用人来做的事情如今已能用机器人替代。美、日、欧再工业化战略的实施，使得工业机器人、服务机器人大量涌现，迅猛发展并带动相关领域不断突破。这使得操作人工智能实际应用的规模群体和其相对独立的职业技能已远超一般新职业的要求，远超赖以生存的目的性、为他人提供服务的社会性、合乎法律的规范性、形成一定数量的群体性的新职业特征，发展实践呼唤着人工智能在应用场景中提供更多更落地的解决方案和相关人才。算法优化、模型训练、数据标准等领域亟待有一批新职业出现，因此，"人工智能训练师"应运而生。

"人工智能训练师"是近年随着人工智能技术广泛应用而出现的新兴职业，他们的工作是让人工智能更"懂"人类，更好地为人类服务。可以说，有多少智能，背后就需要多少训练。以 AlphaGo 为例，其之所以能击败世界围棋冠军李世石，是背后经过了对机器的无数次训练，最终使机器具备了学习能力与一定的思考能力。

在中国，"人工智能训练师"从概念发展为新职业，从业人员从 0 发展到 20 万，只用了四年时间。2020 年 2 月，"人工智能训练师"被人力资源和社会保障部等部委公布为新职业，正式纳入《中华人民共和国职业分类大典》。随着人工智能在智能制造、智能交通、智慧城市、智能医疗、智能农业、智能物流、智能金融、智能服务及其他行业的广泛应用，人工智能训练师的规模将迎来爆发式增长。2017 年 7 月，国务院印发的《新一代人工智能发展规划》中提出：到 2020 年，人工智能核心产业规模超过 1500 亿元，带动相关产业规模超过 1 万亿元；到 2025 年，人工智能核心产业规模超过 4000 亿元，带动相关产业规模超过 5 万亿元；到 2030 年，人工智能核心产业规模超过 1 万亿元，带动相关产业规模超过 10 万亿元。由此可见，人工智能产业的爆发式增长也带来了一个更加迫在眉睫需要解决的新问题——人工智能的职业教育问题。

我国经济走向高质量发展需要一大批优秀的高技能人才，这离不开职业教育给予的有力的人力资源支撑。全国现有职业院校 1 万多所，在校生 3000 多万人，这有力地支持着我国由技工大国向技工强国发展。经济结构的转型升级也对高技能人才的培养提出了新的要求，特别需要一批优秀的职业院校同步发展。同时，人工智能时代将带来劳动力的转型，重塑未来的职业格局。"人工智能训练师"是人工智能技术广泛应用带来的第一个非技术类新职业，代表了新经济、新业态、新技术下行业企业对应用人才的迫切需求，十分需要提前做好人才的培养和储备。为更好地推动人工智能相关知识的了解和普及，让更多职业院校的学生结合自己的专业去思考和理解人工智能技术的应用场景，不被社会发展和职业变化所淘汰，加快人工智能通识教育已迫在眉睫。

搞好人工智能知识和技能普及是一项重要而紧迫的任务。为此，机械工业出版社和编委会联合立项，编写了这本《人工智能基础与应用》，旨在为职业院校提供人工智能通识教材。本书编委会成员既有人工智能及相关行业企业专家和科技工作者，又有很多具有丰富教学经验的教育专家和老师，同时还有人工智能实训平台及项目设计创新团队成员。

此书坚持理念先进、重在应用的原则，理性分析而不抽象教条、联系实际而不墨守成规、把握原则而不失灵活，弥补了市面上现有的人工智能相关书籍重算法研究及理论知识，缺少通俗易懂、贴近实际应用内容的不足，力求让没有计算机专业背景的读者不畏难、有兴趣，并通过人工智能实训平台的训练，让读者有所感悟、有所了解、有所思考，这也是本书定位为人工智能通识教材的意义所在。

　　此书在内容上定位为人工智能技术的科学普及，以及人工智能相关技术与日常生活、行业应用场景相结合的启蒙，让职业院校学生快速理解并思考人工智能正在带来的生活新变化、职业新变化及岗位新要求，力求摆脱以学科体系和以单纯知识传授为主的内容设计，重在与生活、工作中的实际应用场景相结合，并希望通过多媒体、可视化、立体化、场景化的设计，在更生动、更直观地了解相关知识的同时可以通过动手实践加深理解、启发创新思考及应用实践。例如，今日头条、抖音等根据用户喜好个性化推送内容，淘宝、京东智能推送用户所关注的商品，疫情期间的健康码、无人车配送、无接触配送、机场和高铁站的智能测温、无人机消毒、机器人送药送餐等，在不知不觉间，人们的喜好、行为习惯、生活轨迹已被人工智能所捕获。人们在生活中不经意地训练着机器，而机器也在更努力地学习、理解着人们。

　　眼下，劳动领域正在发生着前所未有的新变化，劳动力需求正由数量型向质量型转变，劳动力供给正由无限供给向有限供给转变，新成长劳动力就业正在更多地转向现代新型服务业和人工智能先进制造业。人力资源需求正呼唤着、期盼着知识性、技能性、创新性职业大军的成长，呼唤着、促进着人工智能训练师等一批批适应新技术发展的新职业问世。

　　人工智能的本质是对人的思维信息过程的模拟，未来人工智能带来的现代科技产品将更多地承载着人类智慧，人工智能的广泛应用将帮助人们从经验学习走向创新性的"跳跃性学习"，让人们更易迸发出灵感；人工智能从替代苦、脏、险、累的繁杂劳动向可以对人的意识、思维的信息过程进行模拟，使得提升传统产业"有中出新、层出不穷"与新业态"无中生有、一日千里"交织演进。人工智能的发展蕴藏着深刻的经济社会变革因素，其自然、人文、技术交叉的特性，使其成为一门极富挑战性的战略性学科、引领未来发展的战略性技术，有着广阔的发展潜力。可以说，拥抱人工智能训练师新职业商机无限！

　　顺应新一代信息技术与先进制造业融合发展的趋势，将使我国新一代人工智能规划"三步走"战略加快实现，在人工智能的国际舞台上更加活跃，发挥更大的作用。

　　感谢出版社和编委会的卓越努力与艰辛付出，也恳请读者朋友们提出建设性意见，使新职业在新技术应用实践中升华。

杨志明

中国劳动学会会长、国务院参事室特约研究员

人力资源和社会保障部原党组副书记、常务副部长

专家寄语

十年时间我们已经踏入到数字经济2.0时代，现在我们讲的是平台化、数字化、普惠化，这也是数字经济2.0时代的三大特征和主要发展趋势。在"云、物、大、智、移"的加持下，今天的每一个企业，包括小微企业都能够享受到云计算、大数据、人工智能平台等这些开放技术带来的普惠服务。

人工智能训练师由阿里巴巴率先提出，我们也希望未来能培养更多的从业人员促进数字经济时代的发展。

阿里巴巴原副总裁、阿里 CIO 学院院长 胡臣杰

在人们深耕物联网、大数据、云计算等科学与技术的过程中，催生了人工智能的异军突起，人工智能技术的应用正遍布到各行各业，也越来越快地走进人们的生活和工作之中。

了解、认识、学习和研究人工智能，必将使每个人从中受益，这已经是不争的事实。正如《人工智能基础与应用》开篇所讲的"人工智能时代已悄然来临，你准备好了吗?"

那就让我们行动起来，齐心协力，投身到人工智能学习的海洋中，以更强的体力和更高的智力走进新时代。

中国教育技术协会常务副会长 张少刚

人工智能作为新一代科技革命和产业变革的重要驱动力量，已经渗透到经济社会的每一个角落，融入人民群众的生产生活之中。从职业发展的角度看，"人工智能训练师"应运而生，他们的工作是让人工智能更"懂"人类，更好地为人类服务。

新一代教育革命聚焦如何培养人工智能时代的原住民和生力军，培养和提升学生在人工智能领域的思维、知识、技能、素养，这是人才培养的重要方向，教育改革的突破口。职业教育天然与人工智能具有内在紧密联系，这种联系决定了人工智能时代的职业教育正在迎来一系列重大的发展机遇。

贵州交通职业技术学院原党委书记 张静

面对日新月异的人工智能等技术，只有创新实践，才能永葆创造力和竞争力。当代学生当有明志、自强和自立的精神，在充满挑战和机遇的创新实践学习中，认真学习实践，反复锤炼自己。让我们行动起来，学好人工智能及基础应用，激发兴趣，勇于创新，争当优秀的创新人才，成为国家富强、民族振兴的中坚力量。

大连理工大学电工电子国家级实验教学示范中心主任 王开宇

见树更要见林。我们编写本教材的初衷，是希望给学习者打开一扇窗，让学习者对人工智能的发展、可能带来的职业岗位变化、未来生活及产业的影响充满求知欲，充满参与感。兴趣是最好的老师，只有让每一个学习者感同身受，才能不断更新学习者的知识，具备持续学习、终身学习的能力。

这是一本基础通识教材，我们更衷心地希望它能成为学习者入门的台阶，通过启蒙点燃学习者学习的火苗。正如本教材的宗旨——AI遇见应用，兴趣引领未来。

《人工智能基础与应用 第2版》主编 丁艳

前言

随着科技的进步，人工智能已悄然走进人们的生活，AI + 制造、AI + 物流、AI + 零售、AI + 医疗、AI + 农业、AI + 金融和 AI + 安防等行业应用场景如雨后春笋般涌现，传统产业在人工智能的赋能下将加快转型升级。与此同时，2020 年 2 月人力资源和社会保障部向社会发布了 16 个新职业，"人工智能训练师"位列其中，这是人工智能技术广泛应用带来的第一个非技术类"新职业"。这个"新职业"的诞生也代表了新经济、新业态、新技术下企业对应用人才的迫切需求。

当前，我国共有职业院校 1 万多所，在校生 3000 多万人。职业教育为经济社会发展提供了有力的人才支撑，同时，经济结构的转型升级也对高技术技能人才的培养提出了迫切要求。人工智能时代将带来劳动力的转型，重塑未来的职业格局。对此，与各行各业应用场景最为紧密的职业教育准备好了吗？

通过近年来在多所职业院校的调研与深入研讨，我们发现，与企业在人工智能应用方面的快速发展相比，职业院校在人才培养模式、课程及教材内容改革、人工智能实训体系建设等方面需求迫切。职业院校在人工智能通识教育方面，需要进行教学观念和理念的更新，而教育教学的改革必须从课程建设和教材建设抓起。

2020 年教育部开始在上百所高职院校开设"人工智能技术服务"专业，很多骨干教师对"AI + 传统专业"的融合开始了思考与探索，提出迫切要求，希望能以公共课的模式让人工智能进入课堂，让更多非计算机专业或非人工智能专业的学生认识人工智能，思考未来人工智能可能在哪些方面影响自己将从事的行业领域及职业岗位。通过启发学生兴趣，引导学生探索，进而培养学生一定的实践创新能力，使其做一名不落后于时代的现代职业者。

为此，我们成立了产学研相结合的专题编撰组，编撰组成员既有人工智能及相关企业专家，又有大量知名的职业教育专家、院长、骨干教师，同时还有人工智能实训平台及项目设计的创新研发团队。这样，一方面可以无缝对接需求方——企业，知道在哪些领域需要大量有行业背景的人工智能训练师，未来的职业前景是什么，具体在哪些方面怎么应用；另一方面，紧密连接供给方——职业院校，了解学校开展人工智能教育的痛点和难点，如何让学生更好地理解行业场景及未来职业要求，如何让人工智能应用变成每个专业的通识性知识等，同时，又充分尊重职业院校学生的特点和教学方式。因此，本教材力求将人工智能相关理论、知识点与行业应用进行结合，又与学校的人才培养方向和未来的岗位群进行延伸，更重要的是，通过复杂知识点对应实训项目的设置，大大增强了教材的应用性、丰富性及实践性，极大地提升了学生的学习兴趣和理解能力，并希望通过新型、立体化教材的设计，建立以学生为中心，以创新人工智能实训室为落脚点的教学模式，大力推行行动导向、项目导向的教学组织与实施模式。

在本教材的编写过程中，我们力求在以下方面实现创新，形成特色：

（1）教材设计的逻辑性与实务性　一本好的教材是一门课程的灵魂和核心。我们一直在思考：职业院校怎么开好这门公共课？我们究竟想达到什么学习目标？从本教材的定位来讲，遵循以下几个原则：

第一，充分尊重职业院校人才培养目标和特点，不让这门课变成纯粹的技术课，而是定位于人工智能相关技术与行业应用场景相结合的启蒙课、通识课。

第二，避免在人工智能技术理念及算法上深入，更多地从知识普及和应用上进行拓宽，并紧密结合行业变化，让各类专业背景的学生理解并思考人工智能可能带来的职业变化及岗位要求。

第三，如何让没有计算机专业背景的学生不畏难、有兴趣？让学生结合自己的专业找一个兴趣点，通过人工智能实训平台的训练，积木式编程和简易操作的数据标注，从易到难、循序渐进地走近并理解人工智能应用，更重要的是启发和思考未来可能的应用场景。

因此，本教材的亮点之一是在行业应用方面选取了五个有代表性的行业。首先，从宏观上让学生了解人工智能可能带来的产业格局变化及布局方向，然后结合产业的转型，思考未来的岗位群变化及职业岗位能力要求。之后，从微观上选取一个点，让学生通过实训项目设置深入认识这些核心技术如何应用到具体的行业场景。职业院校有大量工厂级别的实训设备，如工业机器人、AGV 小车、柔性生产线等，但学生通常只能学会操作和维护，至于如何培养学生发现问题、解决问题的能力，则需要从原理上去深入理解、去动手实践。这也是我们设置很多实训项目的初衷，通过启发式、创客式学习，激发学生兴趣。

（2）教材内容的可视化、立体化　我们注重将更多的教学内容进行情境化、案例化设计的同时，还将一些难以理解的概念、定义、术语等内容，以图片、逻辑图、思维导图等形式呈现，从而降低学习难度。比如在智能制造这一部分，通过一个短视频介绍"无人工厂"是怎样运行的，这样既帮助教师再现复杂场面和系统工厂，又能激发学生自主学习的意识和兴趣，调动学生的学习潜能。

另外，本教材也承载着对新型教学模式的探索与思考。其不仅是知识、技术的载体（学什么），也是教学流程的设计（如何教），通过一系列课程组织与项目设计，引导学生自主思考、创新实践（怎么学）。这种教学模式并非独立存在，而是隐含在教材设计之中。本教材力求让一系列重点知识及技术内容，与学生的专业场景、生活场景相结合，让大家产生共鸣、容易理解，力争使重点难点变得更生活化，避免学生产生畏难情绪，同时又通过多个人工智能实训任务引导学生动手设计、解决问题。

本教材所进行的仅仅是一种新模式的初步探索，需要一个动态调整的长期过程来不断完善和提高，尤其是随着人工智能技术的进步与应用场景越发广泛，更需不断补充、完善更多的实训项目和应用场景。期望通过本教材的研究开发和编辑出版，促进更多职业院校的教师，企业的专家、学者，人工智能应用研发的人员紧密合作，不断探索与创新，及时总结、反馈教材使用过程中存在的问题和改进建议，持之以恒，不懈努力，为职业院校新型教材的改革、新技术领域的学习找到一条有效的途径。

由于编者水平有限，书中难免存在不足之处，恳请广大读者批评指正。

编　者

目录

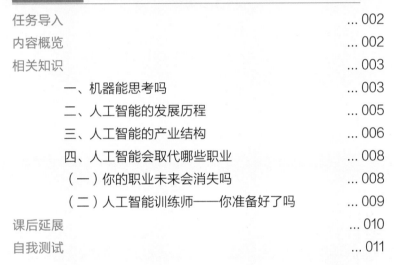

扫码看视频

扫码看视频

项目三　认知人工智能的应用技术

扫码看视频

任务三
认知智能——机器如何懂语义、会思考 ... 057

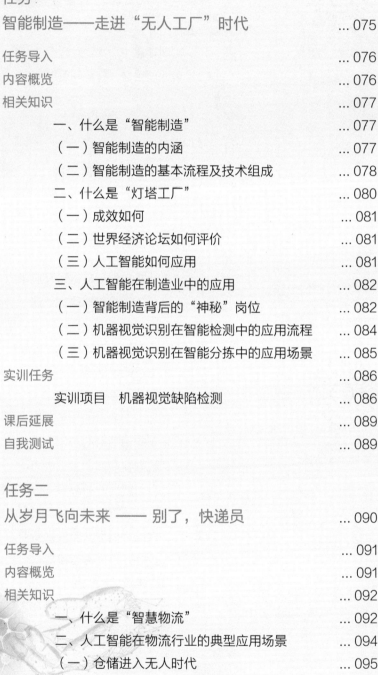

项目四　探索人工智能的行业应用

扫码看视频

扫码看视频

扫码看视频

扫码看视频

任务五
智慧环保——地球卫士新生代　... 131

扫码看视频

项目一 初探人工智能

【教学目标】

1. 掌握人工智能发展以及与其他新技术的关系
2. 了解人工智能的发展历程
3. 了解人工智能的产业结构、代表企业及人才培养要求
4. 思考人工智能可能替代哪些岗位、催生哪些就业机会

【教学要求】

1. 知识点

人工智能　人工智能发展历程　人工智能产业结构　人工智能训练师

2. 技能点

理解人工智能的发展目标及与其他新技术的相互关系。

3. 重难点

本项目的重点是人工智能的产业结构、具体应用及对应的人才培养层次；难点是拓展学习人工智能训练师诞生的职业背景，理解其岗位能力要求和数据标注及训练的重要性。

【专业英文词汇】

Artificial Intelligence（AI）：人工智能　　　　Artificial Intelligence Trainer：人工智能训练师

Artificial Neural Network：人工神经网络　　　Big Data：大数据

Cloud Computing：云计算　　　　　　　　　Data Annotations：数据标注

Deep Learning：深度学习　　　　　　　　　Internet of Things：物联网

Machine Thinking：机器思维　　　　　　　　Model Training：模型训练

任务导入

人类探索未知的脚步永远不会停止，而眼下，人工智能无疑是全球范围内最火热的"风口"，它已经成为国际社会竞争的新焦点，商业巨头角逐的新战场。

人工智能有多强？它就像大家口中"别人家的小孩"一样——记忆力更强、速度更快、体力更强、懂得更多……

人工智能有多火？相关报道时常"霸占"新闻头条，全球约每 10.9h 就会诞生一家人工智能企业……

那你知道人工智能是什么吗？它是怎么被提出来的？如何发展起来的？目前的发展如何？未来你的职业会被人工智能替代吗？如何"训练"人工智能、协同人工智能？

内容概览

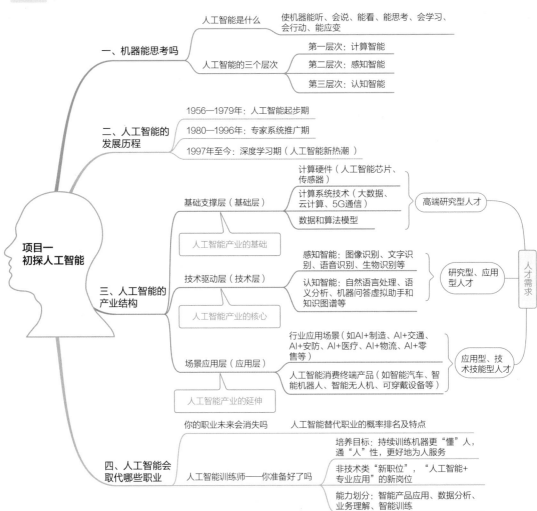

相关知识

随着新一代信息技术的兴起，物联网、云计算、大数据的发展驱动着人工智能的升级。物联网对接真实的物理世界，获取海量数据；云计算为海量数据提供强大的承载能力；大数据对海量数据进行挖掘和分析，实现数据到信息的转换；人工智能对数据进行学习，对信息进行理解，最终实现数据到知识和智能的转换。如果用人体来比喻，物联网是人体的神经网络，大数据是流动的血液，云计算是心脏，人工智能则是掌控全身的大脑。

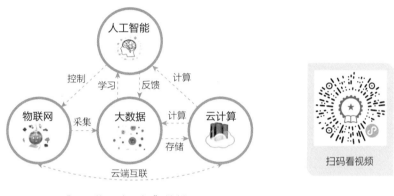

"云、物、大、智"的关系

扫码看视频

一、机器能思考吗

人工智能是什么？人工智能的终极目标是让机器能够像人一样思考和行动，那么，机器有智能吗？机器会理解吗？机器能思考吗？

在电影《黑客帝国》里，人们就对未来科技生活展开了想象：在未来，人们将会生活在虚拟世界，日常感知都将由程序来模拟，由机器来替代。在电影《人工智能》里，与人的外表、智慧几乎相同的机器人甚至没有意识到自己是机器人，反而以为自己是人类。观一隅而知全貌，对人工智能时代，人们总是既期待又感到恐惧，当人工智能一步步地改变着人们的认知和生活时，欢喜与隐忧也同步而来。

尤其经历了 2020 年一场突发的新冠疫情，这个问题如此真切地呈现在我们面前。在这次疫情中，非常多的人工智能"黑科技"在关键时刻大显身手，如智能远程医疗诊断机器人、送药送餐智能机器人、智能物流机器人、健康码智能疫情监测系统、智能防控无人机等。人工智能在"抗疫"战场上的应用效果可圈可点，仿佛一夜之间，让社会认识到人工智能还有如此多的用途。

人工智能来得太快了，未来它会替代人类吗？现在没有答案，但需要我们去认识它、了解它，最终真正地应用并驾驭它。

智能机器人会思考吗

人工智能是什么?

通俗地讲,人工智能研究的是如何使机器具备以下能力:

- 能听(语音识别、机器翻译等)。
- 会说(语音合成、人机对话等)。
- 能看(图像识别、文字识别等)。
- 能思考(人机对弈、定理证明等)。
- 会学习(机器学习、知识表示等)。
- 会行动(机器人、自动驾驶汽车等)。
- 能应变(认知智能、自主行动等)。

视觉智能
- 人脸识别
- 行为识别
- 目标识别

传感智能
- 触摸感应
- 光线感应
- 温湿感应
- 浓烟感应

听觉智能
- 语音识别
- 声纹识别
- 声源定位

运动智能
- 路线规划
- 自主避障
- 跌落保护
- 自由弯曲

语义智能
- 语音对话
- 文本阅读
- 同声传译

意识智能
- 情感建立
- 学习理解
- 深度思考

扫码看视频

智能人形机器人

人工智能拟人能力图

其实人工智能就是计算机科学的一个分支，它试图了解智能的实质，并生产出一种新的能以和人类智能相似的方式做出反应的智能机器。其研究领域包括语音识别、图像识别、机器人、自然语言处理、智能搜索和专家系统等。

人工智能像"人"一样，其智能水平也在逐步发展，从低到高可划分为计算智能、感知智能、认知智能三个层次。

- 第一层次：计算智能——机器像人类一样会计算、传递信息，例如神经网络、遗传算法等，各种棋类游戏、专家系统体现的就是计算智能。
- 第二层次：感知智能——机器能听会说、能看会认，例如语音助手、人脸识别、看图搜图和无人驾驶等。
- 第三层次：认知智能——机器能理解会思考，主动采取行动，这是人工智能领域专家们正在努力的方向，例如"微软小冰"就具有非常初级的理解语意的能力。

二、人工智能的发展历程

要了解人工智能向何处去，首先要知道人工智能从何处来。1956 年，在美国达特茅斯学院关于"如何用机器模拟人的智能"的研讨会上（以下简称"达特茅斯会议"），首次提出"人工智能"这一概念，标志着人工智能的诞生。

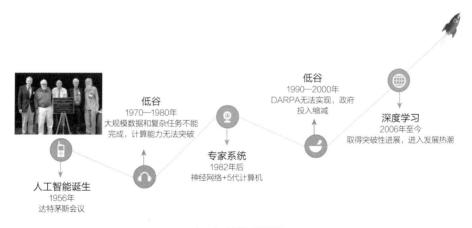

人工智能发展历程

人工智能的发展历程曲折起伏，高峰与低谷交替出现，可分为三个阶段：

➢ 第一阶段：人工智能起步期（1956—1979 年）
- 1956 年，达特茅斯会议召开，标志着人工智能诞生。
- 1957 年，神经网络 Perceptron 被 F. Rosenblatt 发明。
- 1964 年，首台聊天机器人诞生。
- 1970 年，受限于计算能力，人工智能进入第一个寒冬。

扫码看视频

➤ 第二阶段：专家系统推广期（**1980—1996 年**）

- 1980 年，卡内基梅隆大学推出第一个名为 XCON 的专家系统，它具有一套强大的知识库和推理能力，可以模拟人类专家来解决特定领域问题，从此，机器学习开始兴起。
- 之后，专家系统因应用有限，且经常在常识性问题上出错，人工智能迎来第二个寒冬。

➤ 第三阶段：深度学习期（**1997 年至今**）

- 1997 年，IBM 的"深蓝"战胜国际象棋冠军，成为人工智能史上的一个重要里程碑。
- 2006 年，Hinton 提出"深度学习"的神经网络。
- 2012 年，谷歌无人驾驶汽车上路，人工智能迎来爆发式增长的新高潮。

近十年来，随着大数据、云计算、互联网和物联网等信息技术的发展，以深度神经网络为代表的人工智能技术飞速发展，大幅跨越了科学与应用之间的"技术鸿沟"，诸如图像分类、语音识别、知识问答、人机对弈和无人驾驶等人工智能技术，实现了从"不能用""不好用"到"可以用"的转变。未来随着核心技术的突破，人工智能将不断改善现有的局限性，向各行各业快速渗透融合，这是人工智能驱动第四次技术革命的最主要表现方式。

三、人工智能的产业结构

人工智能引爆的不仅是技术的进步，更重要的是产业以及行业格局的变革。人工智能时代的来临，将使我们的工作方式、生活模式、社会结构等进入一个崭新的发展期，将催生新的技术、产品、产业和业态模式，从而引发经济结构的重大变革。

人工智能产业从结构上分为三个层次：

（1）基础支撑层（基础层）　人工智能产业的基础，主要是研发硬件及软件，为人工智能提供数据及算力支撑。主要包括物质基础，即计算硬件（人工智能芯片、传感器）、计算系统技术（大数据、云计算、5G 通信）、数据（数据采集、标注、分析）和算法模型。传感器负责收集数据，人工智能芯片（GPU、FPGA、ASIC 等）负责运算，算法模型负责训练数据。

（2）技术驱动层（技术层） 人工智能产业的核心，主要包括图像识别、文字识别、语音识别、生物识别等应用技术，用于让机器完成对外部世界的探测，即看懂、听懂、读懂世界，进而能够做出分析判断、采取行动，让更复杂层面的智慧决策、自主行动（即由感知智能到认知智能）成为可能。

（3）场景应用层（应用层） 人工智能产业的延伸，专注行业应用，主要面向人工智能与传统产业的深度融合，提供不同行业应用场景的解决方案（如 AI + 制造、AI + 家居、AI + 金融、AI + 教育、AI + 交通、AI + 安防、AI + 医疗、AI + 物流和 AI + 零售等领域）和人工智能消费终端产品（如智能汽车、智能机器人、智能无人机、智能家居设备、可穿戴设备等）。

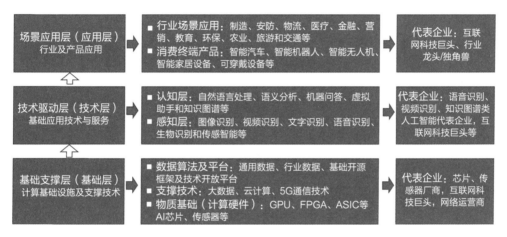

人工智能产业结构

据统计，我国的人工智能企业多集中在应用层，技术层和基础层企业占比相对较小；从技术类型分布上，涉及机器学习、大数据、云计算和机器人技术的企业较多，整体分布相对均匀。随着人工智能技术的不断变革，人工智能正在越来越多地与各行各业深度融合，加快产业智能化进程。AI + 传统产业已是大势所趋，未来对人才培养的倒逼、企业岗位的变化以及职业能力的要求将出现巨大改变。

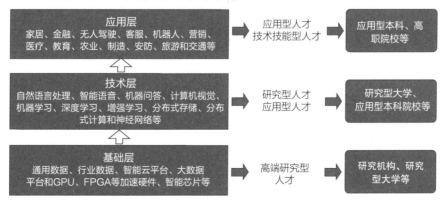

人工智能产业各层次人才需求

四、人工智能会取代哪些职业

（一）你的职业未来会消失吗

《未来简史》作者赫拉利曾豪言，在未来20～30年，超过50%的工作机会将被人工智能取代。麦肯锡公司（McKinsey & Company）预测，人工智能的到来，不仅代表着产业的重大变革，也预示着更多的人未来或将无工可打。各行各业都面临人工智能的挑战。可以预见，未来可能没有一个行业能离开"智能"这两个字。在人工智能的大浪潮下，谁的饭碗会被快速砸掉？哪些新兴职业又会涌现呢？

从人工智能的本质看，其目的是将人们从简单、机械的劳动中解放出来，有效地提高效率与质量，节约时间，降低人力与业务成本。从社会分工来看，很多简单的、易于自动化的工作被取代只是时间问题。例如，依靠训练即可掌握的技能；重复性劳动，熟练即可的工作；工作空间小，极少接触外界的工作。典型的如生产工、装配工、流水线质检员等，这些工作将首当其冲受到影响。

但随着企业的转型与生产力的提高，非自动化工作，如创意、设计、发明和沟通协调等，对劳动力的需求将会上升，并在企业内外部创造出一些新的工作机会。因此，从本质上说，人工智能将带来的是一种劳动力的转型，将改变人们的工作性质，重塑未来的劳动力。

工作消失概率前十名	工作消失概率后十名
电话销售员/市场98.3%	人工智能科学家0.1%
打字员或相关键盘工作者98.1%	创业者0.1%
过秤员、评级员或分类员97.9%	心理学家0.1%
常规程序检查员和测试员97.7%	宗教教职人员0.1%
流水线质检员97.5%	酒店与住宿经理或业主0.1%
簿记员、票据管理员或工资结算员97.3%	首席执行官0.1%
银行或邮局职员97.1%	首席营销官0.1%
财务类行政人员96.9%	卫生服务与公共卫生管理或主管0.1%
装配工和常规程序操作工96.7%	教育机构高级专家0.1%
材料和木料机操作工96.5%	特殊教育教师0.1%

人工智能替代职业的概率排名情况

（数据来源：牛津大学、麦肯锡、普华永道和创新工场研究报告）

总体来说，人工智能有可能超越人类的主要是智商和运算层面，以及替代人类去做危险性的工作和需要效率的工作。而人的理解、情感、灵感、同情心、共鸣性、创造力和审时度势等软实力，是机器短时间内难以取代的。人类大脑潜能的激发，永远在路上。

（二）人工智能训练师——你准备好了吗

任何技术革命都会取代一些岗位，而创造出另一些岗位。据罗兰·贝格咨询公司研究发现，每破坏掉 100 份工作，人工智能将直接创造 16 份新工作，这些工作机会集中在对人工智能解决方案进行设计、执行与维护的岗位。

2019 年 4 月，中华人民共和国人力资源和社会保障部（以下简称"人社部"）等部门发布了 13 个新职业，人工智能相关职业被提及强调，包括人工智能工程技术人员、物联网工程技术人员、大数据工程技术人员、云计算工程技术人员、无人机驾驶员等。2020 年 2 月，人社部再次向社会发布了未来紧需的 16 个新职业，人工智能训练师、智能制造工程技术人员、工业互联网工程技术人员和虚拟现实工程技术人员等名列其中。而这些新职业的诞生就是新产业、新业态、新技术下企业的迫切需求。

对于人工智能训练师，大家都觉得很陌生。这是什么新职业？为什么会有这个需求？究竟要具备什么能力？

人工智能训练师的定义是阿里巴巴集团控股有限公司（以下简称"阿里"）率先提出的，被形象地称为"机器人饲养员"。这也是人工智能技术广泛应用带来的第一个非技术类新职位。众所周知，人工智能的应用需要大量数据支撑，而在各行各业获取到的原始数据无法直接用于模型训练，需要经过专业标注和加工后才能使用，但如果标注人员不懂行业具体的应用场景，对数据的理解和标注质量差异很大，将导致整体标注工作的效率和效果都不够理想。因此，人工智能训练师应运而生，这不是一个人工智能技术职位，而是人工智能＋专业应用的新岗位。

人工智能训练师是指使用智能训练软件，在人工智能产品实际使用过程中进行数据库管理、算法参数设置、人机交互设计、性能测试跟踪及其他辅助作业的人员。简而言之，就是让人工智能更"懂"人，通"人"性，更好地为人服务。人们熟悉的天猫精灵、菜鸟语音助手、阿里小蜜等智能产品背后，都有人工智能训练师的身影。我国第一批人工智能训练师就是在阿里的客服团队诞生的。

人工智能训练师需要具备什么能力？

总体来看，可从智能产品应用、数据分析、业务理解和智能训练等维度划分，包括：

1) 标注和加工图片、文字、语音等业务的原始数据。
2) 设计人工智能产品的交互流程和应用解决方案。
3) 分析提炼专业领域特征，训练和评测人工智能产品相关算法、功能和性能。
4) 监控、分析、管理人工智能产品应用数据。
5) 调整、优化人工智能产品参数和配置。

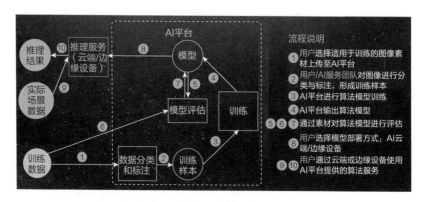

人工智能模型训练流程

扫码看视频

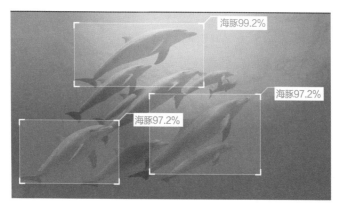

人工智能训练师标注数据过程

人工智能训练师通过分析需求和相关数据，完成数据标注规则的制定，最终实现提高数据标注工作的质量和效率，让智能更懂人类，更好地为人类服务。

在新冠疫情期间，在人工智能训练师的帮助下，智能机器人发挥了智能外呼和推送的能力，在电商服务、票务出行、健康问诊和生活购物等服务体验端展现了高效的服务能力。新职业的公布，将有助于规范和引导人工智能训练师的岗位应用，有效带动传统行业人才转型升级。

人工智能会砸掉一些饭碗，也会端来一些新的饭碗，还会让一些饭换一种吃法。人工智能已经在路上了，这碗饭，你准备好怎么吃了吗？

 课后延展

你好，我是微软小冰，人工智能聊天机器人。我爱卖萌，爱耍小聪明，爱大闹企鹅村。和我聊的内容越多，我越聪明哦。我有好多独家秘籍，等你探索呢。

——微软小冰

很难想象哪一个大行业不会被人工智能改变。大行业包括医疗保健、教育、交通、零售、通信和农业。人工智能会在这些行业里发挥重大作用，这个走向非常明显。

——Andrew Ng，人工智能计算机科学家和全球领导者

人工智能作为新一轮产业变革的核心驱动力，将进一步释放历次科技革命和产业变革积蓄的巨大能量，并创造新的强大引擎，重构生产、分配、交换、消费等经济活动各环节，形成从宏观到微观各领域的智能化新需求，催生新技术、新产品、新产业、新业态、新模式，引发经济结构重大变革，深刻改变人类生产生活方式和思维模式，实现社会生产力的整体跃升。

——《人工智能与产业变革》主编李清娟等

 ## 自我测试

1. 想一想，人工智能从会学习、会行动到能思考、能应变，两种不同的智能水平可能带来的人类工作、生活的巨大变化。我们和机器怎么协同共处？

2. 结合本项目学习的内容，查阅有关资料，思考并针对人工智能产业结构及代表企业、人工智能在行业的典型应用场景等主题展开小组讨论，可选择一个应用领域或一家企业形成专题报告并向全班同学讲解展示。

3. 结合自己所学的专业，查阅相关行业资料，思考该行业未来需要人工智能训练师吗？在哪些具体工作领域有需求？

项目二
认知人工智能的基础支撑

【教学目标】

1. 学习人工智能的核心驱动力——算力、算法、大数据及相互间的关系
2. 了解人工智能的其他支撑技术——物联网、云计算、5G 及相互间的赋能
3. 掌握大数据作为人工智能算法"燃料"的重要性以及采集、标注和分析的基本流程

【教学要求】

1. 知识点

人工智能芯片的分类及特点

物联网、云计算及 5G 的概念与应用

人工智能数据服务的采集、标注及分析

2. 重难点

本项目的重点是机器学习、深度学习之间的关系及重点应用领域，AIoT 这一高频词出现的背景，人工智能与物联网在实际行业应用中的落地融合；难点是深刻理解数据、算法模型及场景应用的流程及相互关系，以及人工智能数据服务的相关内容。

【专业英文词汇】

AI Chip：人工智能芯片

ANN（Artificial Neural Network）：人工神经网络

DSP（Digital Signal Processing）：数字信号处理

GPU（Graphics Processing Unit）：图形处理单元

Intelligent Sensor：智能传感器

RFID（Radio Frequency Identification）：射频识别

5G（5th-Generation Mobile Communication Technology）：第五代移动通信技术

AIoT（AI & Internet of Things）：人工智能物联网

Brain-like Chip：类脑芯片

FPGA（Field Programmable Gate Array）：现场可编程门阵列

Image Annotation：图像标注

Machine Learning：机器学习

Text Annotation：文本标注

ASIC（Application Specific Integrated Circuit）：专用集成电路

任务导入

人工智能技术不断提升和突破，其核心驱动要素是哪些？

数据、算法、场景，这些都是人工智能得以落地行业应用的重要组成部分。三者间如何相互依存？对我们提出哪些新的要求？

人工智能的快速发展，离不开其他新技术（物联网、云计算、大数据、5G）的不断发展，彼此赋能，一个万物智联、相互感知的智能世界离我们还远吗？

人工智能是如何模拟人类认知的？机器能否通过自己学习找到规律，并进行判断及预测？人工智能数据服务如何更好地帮助训练机器、提升算法？当技术的进步大幅度提升数据处理的效率时，人的作用如何从原来的重复劳动变成监督和辅助机器学习？

内容概览

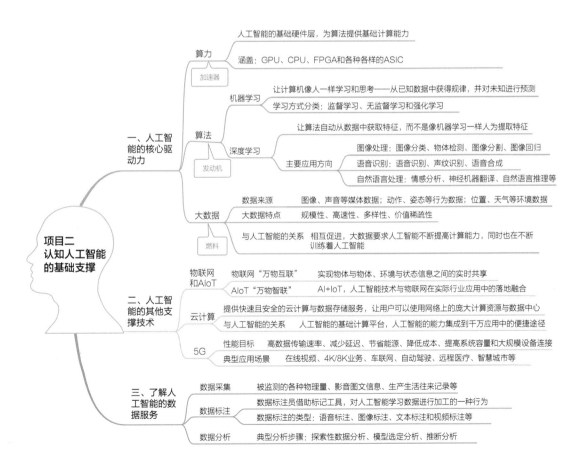

相关知识

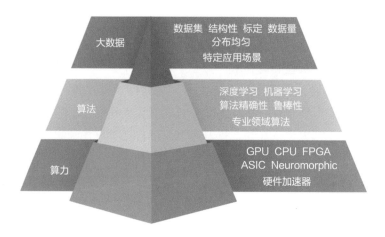

人工智能三要素

一、人工智能的核心驱动力

前面我们了解了人工智能的发展历程及产业结构，那么人工智能的快速发展主要依靠哪些技术驱动呢？人工智能的核心驱动力包括算力、算法、大数据。其中，算力是支撑发动机高速运转的加速器，算法是发动机，大数据可以比作人工智能的燃料。

- 算力：每个聪明的人工智能系统背后都有一套强大的硬件系统，用于计算处理大数据和执行先进的算法。
- 算法：如深度学习、机器学习等，就是让计算机通过大量的数据具备学习能力。
- 大数据：这是让计算机获得智能的钥匙，具有三大特征，即体量大、多维度、全面性。

人工智能时代，医、食、住、行等都将演化为物联网世界的一个个数据，每一次数据的生成、存储、处理都代表一次数据检索要求，海量的数据、优秀的算法、超强的计算能力，三者相辅相成，才能赋予人工智能更广泛的应用空间。

（一）人工智能的"加速器"——算力

算力是人工智能的基础硬件层，为算法提供基础计算能力。它涵盖 GPU、CPU、FPGA 和各种各样的 ASIC。

扫码看视频

最早出现的 GPU ，就是专为执行复杂的数学计算而设计的数据处理芯片。它的出现让并行计算成为可能，给数据处理规模、数据运算速度带来了指数级的增长。

在运行大规模无监督深度学习模型时，使用 GPU 和使用传统双核 CPU 在运算速度上的差距最大会接近70倍。以前要花几周运行的程序现在只需一天就能完成。人工智能芯片的发展大幅提升了数据处理速度，解决了计算机视觉发展的主要瓶颈。

目前人工智能芯片有两种发展路径：一种是延续传统计算架构，加速硬件计算能力，主要以三种类型的芯片为代表，即GPU、FPGA、ASIC，但CPU依旧发挥着不可替代的作用；另一种是采用类脑神经结构来提升计算能力，以IBM TrueNorth芯片为代表。传统芯片及类脑芯片硬件信息比较见表2-1。

表2-1　传统芯片及类脑芯片硬件信息比较

项目	传统芯片					类脑芯片
	CPU	GPU	DSP	FPGA	ASIC	
特征	逻辑控制、串行运算等通用计算	3D图像处理、密集型并行运算	实现各种数字信号处理算法	半定制IC、可编程序芯片	计算能力和效率可根据算法需要定制	模拟人脑进行异步、并行和分布式信息处理
领域	云端/终端推理	云端训练	端侧推理	云端/终端推理	训练、推理	端侧推理
企业	英特尔	英伟达Imagination	CEVA中星微	Xilinx深鉴科技	谷歌寒武纪	IBM

（二）人工智能的"发动机"——算法

如果说大数据是人工智能的燃料，算法是发动机，那么如何推动人工智能这台机器快速奔跑，算法的不断提升至关重要。

有了算法和被训练的数据（经过预处理的数据），通过多次训练（考验计算能力的时候），经过模型评估和算法人员不断调整后，便会获得训练模型。当新的数据输入后，训练模型就会自动给出结果，而人工智能业务要求的最基础功能才能得以实现。

人工智能的算法理论包括机器学习、深度学习、类脑智能等。算法理论复杂浩瀚，接下来简要介绍机器学习和深度学习。

首先，要了解人工智能、机器学习和深度学习的关系。应该说，人工智能是目标，是让机器智能化，产生一种新的能与人类智能相似的方式并做出反应。而机器学习是重要实现手段之一。深度学习则源于机器学习的一个技术方向——ANN。

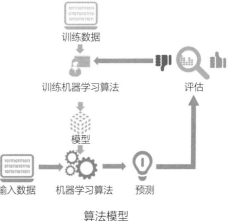

算法模型

扫码看视频

人工智能、机器学习和深度学习的关系

初步厘清了三者间的关系，接下来介绍什么是机器学习和深度学习。

1. 什么是机器学习

机器学习（Machine Learning）是让计算机具有像人一样的学习和思考能力，具体来说是从已知数据中获得规律，并利用规律对未知数据进行预测的技术。机器学习的思想并不复杂，它是对人类学习过程的一个模拟。在这整个过程中，最关键的是数据。

机器学习有三种方式，即监督学习、无监督学习和强化学习。

- 监督学习（Supervised Learning）：简单理解为"跟老师学"，即在有老师的环境下，学生从老师那里获得做对或做错的反馈。其学习结果为函数，以概率函数、代数函数或人工神经网络为函数模型。

- 无监督学习（Unsupervised Learning）：简单理解为"自学标评"，即在没有老师的环境下，学生自学，一般有既定标准评价或者无评价。采用聚类方法，学习结果为类别。

- 强化学习（Reinforcement Learning）：简单理解为"自学自评"，即在没有老师的环境下，学生对问题答案自我评价，以统计和动态规划技术为指导的一种学习方法。

（1）监督学习 监督学习是一种较为简单、直接的机器学习方式，类似所做的练习题是有标准答案的，在做题的过程中，可以通过对照答案来分析问题找出方法。虽然监督学习是一种非常高效的学习方式，但是在很多应用场合提供"标准答案"式的监督信息很有难度。比如在医疗诊断中，如果要通过监督学习来获得诊断模型，则需要请专业的医生对大量病例及它们的医疗影像资料进行精确标注，这需要耗费大量的人力。

根据已知数据集做训练　　　在非标签数据集中做归纳

对未知数据集做分类（预测）　　对未知数据集做归类（预测）

监督学习　　　　　　无监督学习

（2）无监督学习　无监督学习就像做没有标准答案的练习题，无法确定结果是否正确。但是由于这种方式能够避免很多实际应用中获取监督数据的难题，因此一直是人工智能发展的一个重要研究方向。

（3）强化学习　其目标就是要获得一个策略去指导行动。比如在围棋博弈中，可以根据盘面形势指导每一步应该在哪里落子；在股票交易中，指导什么时候买入，什么时候卖出。这是一种非常强大的学习方式，持续不断的强化学习甚至可以获得比人类更优的决策机制。在2016年击败围棋世界冠军李世石的阿尔法狗（AlphaGo），其令世人震惊的博弈能力就是通过强化学习训练出来的。

扫码看视频

围棋人机大战

2. 什么是深度学习

深度学习是机器学习一个比较热门的方向，其本身是神经网络算法的衍生。

深度学习通过构建一个多层的表示学习结构，使用一系列非线性变换操作，从原始数据中提取简单的特征进行组合，从而获得更高层、更抽象的表示。所以，深度学习不需要人为地做特征工程，而是可以通过算法直接获取特征，这使机器学习向"全自动数据分析"又前进了一步。

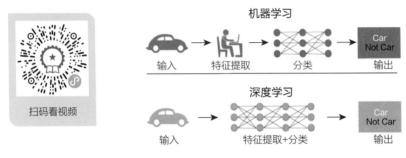

机器学习与深度学习的差异性

深度学习的主要应用方向如下：

（1）图像处理领域

- 图像分类（物体识别）：整幅图像的分类或识别。
- 物体检测：检测图像中物体的位置进而识别物体。
- 图像分割：对图像中的特定物体按边缘进行分割。
- 图像回归：预测图像中物体组成部分的坐标。

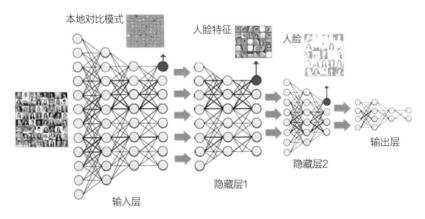

应用于人脸识别的深度学习

（2）语音识别领域

- 语音识别：将语音识别为文字。
- 声纹识别：识别是哪个人的声音。
- 语音合成：根据文字合成特定人的语音。

（3）自然语言处理领域

- 语言模型：根据前一个单词预测下一个单词。
- 情感分析：分析文本体现的情感（正负向、正负中或多态度类型）。
- 神经机器翻译：基于统计语言模型的多语种互译。

- 神经自动摘要：根据文本自动生成摘要。
- 机器阅读理解：通过阅读文本回答问题，完成选择题或完形填空。
- 自然语言推理：根据一句话（前提）推理出另一句话（结论）。

（三）人工智能的"燃料"——大数据

数据在人工智能行业发展中占据着非常重要的位置，数据集的丰富性和大规模性对算法训练尤为重要。可以说，实现精准视觉识别的第一步，就是获取海量而优质的应用场景数据。以人脸识别为例，训练该算法模型的图片数据量至少应为百万级别。

数据非常重要，大数据从哪里产生？大数据具备什么特点？

1. 大数据从哪来

大数据来源包括社交网络用户数据、科学仪器获取数据、移动通信记录数据、传感器检测环境信息数据、飞机飞行记录、医疗数据（如放射影像数据、疾病数据、医疗仪器数据）、商务数据（如刷卡消费数据、网购交易数据）等。可以说，现阶段的"数据"包含的信息量越来越大，维度越来越广。

大数据有着广泛的应用。以应对新冠疫情为例，百度地图慧眼迁徙大数据（简称"百度迁徙"）通过数据定向、分析等途径确定了人员流出的方向。通过百度迁徙，用户可以对省市乃至全国每天人员流动情况进行分析。同时，大数据还能够用于记录微观用户的运动轨迹。对于已确定感染人群来说，通过汇集移动终端的轨迹大数据来勾画关系图谱，进一步追踪接触者以进行隔离管理。除了可以对用户地理位置进行感知之外，大数据也会对用户的支付、车票行程、住宿等信息进行整合分析。通过利用人工智能对密集的用户信息进行分析，可以从多个维度筛查出潜在传染用户。

现实生活中的数据有多大呢？据 IDC 发布的报告《数据时代 2025》显示，全球每年产生的数据将从 2018 年的 33ZB 增长到 2025 年的 175ZB，相当于每天产生 491EB 的数据。那么 175ZB 的数据到底有多大呢？1ZB 相当于 1.1 万亿 GB。若以网速为 25Mbit/s 计算，一个人要下载完这 175ZB 的数据，需要 18 亿年时间。

2. 大数据具备什么特点

- 规模性（Volume，耗费大量存储、计算资源）：数据的存储和计算均需耗费海量规模的资源。
- 高速性（Velocity，增长迅速、急需实时处理）：规模增长的数据对实时处理有着极高的要求。
- 多样性（Variety，来源广泛、形式多样）：数据在来源和形式上的多样性更加凸显，除大量以非结构化形式存在的文本数据之外，也存在位置、图片、音频和视频等大量信息。
- 价值稀疏性（Value，价值总量大、知识密度低）：数据的价值在于读懂其背后的信息，只有经过深度分析的大数据才可以产生新的价值。

大数据将从两方面影响人工智能的发展：一方面，大数据要求人工智能不断提高其计算能力；另一方面，大数据也在不断地训练人工智能，使结果更加精准。比如，一直将自己定义为科技公司而非媒体公司的"今日头条"便是利用数据获取成功的典型案例。在搜集用户的个性化数据之后，利用机器学习，为用户反馈出独一无二的结果。

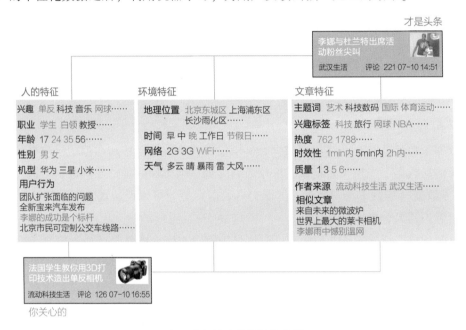

今日头条的大数据精准推送

没有数据的人工智能无法前行，当智能数据时代快速走来时，情景驱动的人工智能应用对企业的数据处理能力提出迫切要求。企业不仅需要采集数据，还需要利用深度学习将这些数据转化为人工智能的"知识"。在每一个转化环节，都需要能读懂和识别数据背后信息的"AI + 专业"应用人才。这对于人工智能应用者来说，既是惊喜，又是挑战。因为，一个融合人类智慧、人工智能以及海量数据的智能数据时代已经来临。

二、人工智能的其他支撑技术

近十年来人工智能之所以取得快速发展，离不开其他新技术的不断提升与突破。

（一）认知物联网和 AIoT

1. 什么是物联网

当提到物联网（IoT）一词时，你会想到什么？可能是通过各种各样的传感器连接物理设备，进而通过这些设备收集数据，进行数据交换并充分利用数据。简而言之，物联网就是"物物相连的互联网"。

随着技术的发展，物联网的定义不断拓宽。从被定义为通过信息传感设备（如 RFID、红外线感应器、全球定位系统、激光扫描器和气体感应器等）按约定的协议把任意物品与互联网连接起来进行信息交换，以实现智能化识别、定位、跟踪、监控和管理的一种网络，到现在被重新定义为通过多种信息技术的结合，实现物体与物体、环境与状态信息之间的实时共享，以及智能化的收集、传递、处理和执行。

物联网

其实物联网并不是一个新概念，但它依然被列入第三次信息化浪潮的核心技术，一个关键的原因就是物联网的外延在拓宽，能够承载更多的新技术，同时物联网在人工智能的赋能下能够深入到产业领域。

2. 物联网与人工智能有什么关系

近年来"AIoT"成为高频词，是物联网行业的热门词汇。"AIoT"即"AI + IoT"，指的是人工智能技术与物联网在实际行业应用中的落地融合。理解了这个联合词，其实也就理解了物联网与人工智能之间相辅相成、彼此成就的紧密关系。

物联网的最终目的不是简单的设备连接，而是要解决具体场景的实际应用，赋予物联网一个"大脑"，才能够实现真正的万物智联。人工智能技术可以满足这一需求。通过对历史和实时数据的深度学习，人工智能能够更准确地判断用户习惯，使设备做出符合用户预期的行为，变得更加智能。因此，只有通过人工智能，物联网才能发挥出更大的作用，把应用边界不断拓展，这也是产业互联网发展的核心诉求之一。

同样，人工智能也需要物联网这个重要的平台来完成应用落地。物联网提供的海量庞杂的数据可以让人工智能快速获取知识，不断训练。

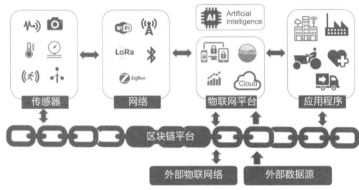

物联网、区块链与人工智能行动

扫码看视频

AIoT

现在已有越来越多的行业应用将 AI 与 IoT 结合到一起，例如小米、海尔等厂商，相继推出 AIoT 电视，目的在于将电视作为总控制中心，通过全场景智能，实现对空调、冰箱及洗衣机等智能设备的控制。AIoT 已经成为各大传统行业智能化升级的最佳通道，也将成为物联网发展的必然趋势。

（二）了解云计算

1. 什么是云计算

"云"实质上就是一个网络，从广义上说，计算资源的共享池叫作"云"。云计算把大量计算资源集合起来，通过软件实现自动化管理，只需要很少的人参与，就能迅速调动资源，并且可以无限扩展，只要按使用量付费就可以。也就是说，计算能力作为一种商品，可以在互联网上流通，就像水、电、燃气一样，可以方便地取用，且价格较为低廉。较为简单的云计算技术服务，包括最为常见的网络搜索引擎和网络邮箱。其他的如存储云、医疗云、金融云、教育云等，也已被广泛地应用在行业及生活中。

扫码看视频

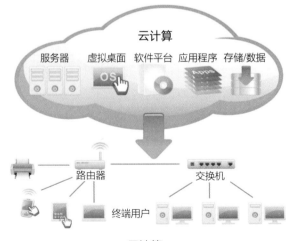

云计算

项目二　认知人工智能的基础支撑

总之，云计算不是一种全新的网络技术，而是一种全新的网络应用概念，其核心就是以互联网为中心，在网站上提供快速且安全的云计算与数据存储服务。

2. 云计算与人工智能的关系

云计算不仅是人工智能的基础计算平台，也是人工智能的能力集成到千万应用中的便捷途径。

云计算的能力有多强？

云计算甚至可以让你体验每秒 10 万亿次的运算能力，拥有如此强大的计算能力可以模拟核爆炸、预测气候变化和市场发展趋势。用户通过计算机、手机等方式接入数据中心，按需求进行运算。

云计算作为 IT 基础设施，是人工智能与大数据之间的桥梁，因为人工智能的优化或者说自我学习，是需要输入海量数据用于训练的。云计算支撑了人工智能和大数据这些计算存储密集型任务，让信息化、智能化服务无处不在。它既是人工智能技术持续更新的重要推手，也是获得海量真实大数据的重要方式。

（三）走近第五代（5G）移动通信技术

1. 什么是 5G

5G 的 G 是 Generation 的首字母，表示"世代"。也就是说，5G 移动通信系统是第五代移动通信系统，简称 5G，即继 1G、2G、3G 和 4G 系统之后的延伸。

- 1G：语音通话，20 世纪 80 年代。
- 2G：消息传递，20 世纪 90 年代。
- 3G：多媒体、文本、互联网，20 世纪 90 年代末至 21 世纪初。
- 4G：实时数据，包括车载导航、视频共享，2008 年推出。

从模拟通信到数字通信，从文字传输、图像传输又到视频传输，移动通信技术极大地改变了我们的生活。前四代移动通信技术只是专注于移动通信，而 5G 在此基础上还包括了工业互联网和人工智能等诸多应用场景。因此，5G 的性能目标是高数据传输速率、减少延迟、节省能源、降低成本、提高系统容量和大规模设备连接。

2. 5G 能实现什么场景

国际电信联盟无线电通信部门定义了 5G 的三大典型应用场景：

- 增强型移动宽带：主要面向虚拟现实（Virtual Reality，VR）、增强现实（Augmented Reality，AR），以及在线视频 4K/8K 等高带宽需求业务。
- 超可靠低时延通信：主要面向车联网与自动驾驶、远程外科手术、智能电网和无人机等对时延敏感的业务。

023

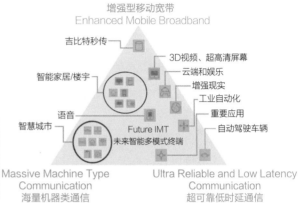

5G 通信

● 海量机器类通信：主要面向智慧城市、智能交通等高连接密度需求的业务。

5G 的到来，使更高的速率、更大的带宽、更低的时延成为可能。随着人工智能与物联网、大数据的深度融合，将形成诸多平台解决方案。人工智能将提供分析物联网设备收集的大数据的算法，识别各种模式，进行智能预测和智能决策。随着物联网设备数量的增加以及海量数据的产生，5G 增强网络的大规模连接尤为重要。只有实现更广泛的覆盖、更稳定的连接和更快的数据传输速度，才能实现真正意义上的万物智联。

5G 技术应用于自动驾驶

三、了解人工智能的数据服务

人工智能进入落地阶段，智能交互、人脸识别、无人驾驶等应用成了最大的热门，在比拼技术与产业的结合能力时，大数据作为人工智能算法的"燃料"，是实现这一能力的必要条件。

因此，为机器学习算法训练、优化提供数据采集、标注等服务的人工智能数据服务成了必不可少的一环，这对于人工智能深入到细分行业和场景应用至关重要。

自动驾驶场景中人工智能数据服务的价值

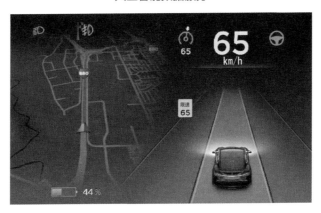

人工智能数据服务

扫码看视频

特斯拉自动驾驶

（一）数据采集

数据采集又称数据获取。

采集对象可以是被监测的各种物理量，如温度、湿度、水位、风速和压力等，也可以是各类影音图文信息，如图像、视频、音频和文本等，包括各类生产生活往来记录（交易记录、通话记录、交通轨迹等）等信息数据。采集工具包括摄像头、传声器等。

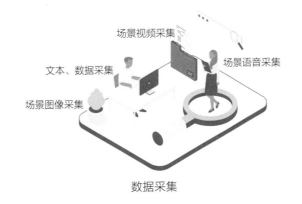

数据采集

（二）数据标注

数据标注是数据加工人员（数据标注员）借助标记工具，对人工智能学习数据进行加工的一种行为。如果将大多数原始数据比作原油，那么数据标注就是把原油提炼为成品油的过程。

数据标注的类型通常包括语音标注、图像标注、文本标注和视频标注等种类。标记的基本形式有标注画框、3D画框、文本转录、图像打点和目标物体轮廓线等。

举个简单的例子，在聊天软件中，通常会有一个语音转文本功能，这种功能是由智能算法实现的，那么算法为什么能够识别这些语音呢？算法是如何变得智能的呢？

其实，智能算法就像人的大脑一样，它需要进行学习，通过学习后才能够对特定数据进行处理、反馈。

（1）语音标注　模型算法最初是无法直接识别语音内容的，而是由人工对语音内容进行文本转录，将算法无法理解的语音内容转化成容易识别的文本内容，然后算法模型对被转录后的文本内容进行识别并与相应的音频进行逻辑关联。也许会有人问，算法怎么能够分辨不同的语速、音色模型呢？这就是模型算法在学习时需要海量数据的原因，这些数据必须覆盖常用语言场景、语速、音色等，只有全面的数据才能训练出出色的模型算法。

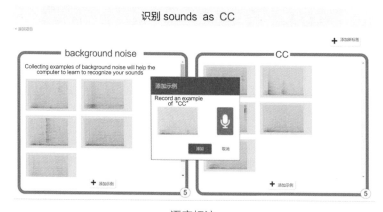

语音标注

（2）图像标注　图像标注和视频标注按照数据标注的工作内容进行分类，可以统一称为图像标注，因为视频也是由图像连续播放组成的（时长1s的视频包含25帧图像，每1帧都是1张图像）。现实应用场景中，常常应用到图像标注的有人脸识别以及自动驾驶车辆识别等。以自动驾驶为例，汽车在自动行驶时如何识别车辆、行人、障碍物、绿化带，甚至天空呢？图像标注不同于语音标注，因为图像包括形态、目标点、结构划分，仅凭文字进行标记无法满足数据需求，所以，图像的数据标注是一个相对复杂的过程，数据标注人员需要对不同目标标记物用不同的颜色进行轮廓标记，然后对相应的轮廓打标签，用标签来概述轮廓内的内容，以便让模型能够识别图像的不同标记物。

图像标注

（3）文本标注 与文本标注相关的现实应用场景包括名片自动识别、证照识别等。文本标注和语音标注有些相似，都需要通过人工识别转录成文本。

文本标注

数据标注是深度学习技术催生出的新行业，而数据标注工程师从事的是人工智能时代的信息处理工作。当技术的进步大幅提升了数据处理的效率时，人的作用将从原来的重复劳动变成监督和辅助机器学习，职业要求和内涵也将发生重大变化。

（三）数据分析

数据分析是指用适当的统计方法对收集来的大量数据进行分析，提取有用信息并形成结论。在实际生活中，数据分析可帮助人们做出判断，以便采取适当行动。

典型的数据分析包含以下三个步骤。

- 探索性数据分析：当数据刚取得时，可能杂乱无章，看不出规律，通过作图、造表，用各种形式的方程拟合，去寻找和揭示隐含在数据中的规律。
- 模型选定分析：在探索性数据分析的基础上提出一类或几类可能的模型，然后通过进一步的分析从中挑选一定的模型。

- 推断分析：通常使用数理统计方法对所定模型或估计的可靠程度和精确程度做出推断。

人工智能数据分析流程

未来随着算法需求越来越旺盛，由机器持续学习人工标注，提升预标注和自动标注能力对人工的替代率将成为趋势，也加速了数据标注工程师向人工智能训练师的转型。可以说，新技术在取代人力的同时也带来了新的职业路径和职业要求。

课后延展

"有多少智能，就有多少人工。"随着人工智能技术突飞猛进地发展，数据标注行业也随之异军突起。经过短短几年的发展，我国专职从事数据标注的人员数量已经突破 20 万，兼职人员的数量突破 100 万。在未来 5 年，专职数据标注工程师的缺口将高达 100 万。人工智能行业巨头纷纷寻找专业的数据标注工程师，但目前接受过系统培训的数据标注工程师少之又少。

——《数据标注工程》主编刘鹏等

全球科技巨头纷纷拥抱深度学习，自动驾驶、AI 医疗、语音识别、图像识别、智能翻译以及震惊世界的 AlphaGo，背后都是深度学习在发挥神奇的作用。深度学习是人工智能从概念到繁荣得以实现的主流技术。经过深度学习训练的计算机，不再被动按照指令运转，而是像自然进化的生命那样，开始自主地从经验中学习。

——《深度学习：智能时代的核心驱动力量》
作者特伦斯·谢诺夫斯基（Terrence Sejnowski）

自我测试

1. 小组合作任务：将班级学生分成若干个小组，各小组就生活中的实际案例进行数据采集，并完成标注及分析，最终输出专题报告。

2. 深度学习和传统机器学习相比，具有哪些优势？互联网时代，网购已经深入千家万户，结合本项目学习内容思考深度学习在京东、美团、淘宝等网购平台的应用之处。

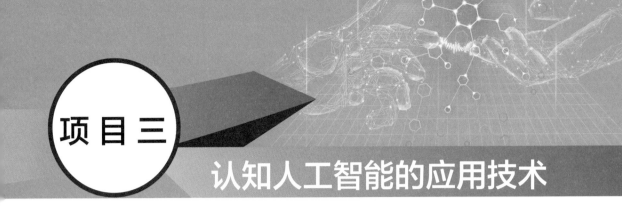

项目三　认知人工智能的应用技术

在项目一中我们学习到人工智能像"人"一样，其智能水平也在不断发展。当人工智能变得越"聪明"、越"智能"时，其具体应用也就越广泛。本项目我们将重点学习人工智能的第二阶段——感知智能的应用技术，并对第三阶段——认知智能有所认识和了解。在本项目的学习和实训中，你可以深入了解人工智能如何识字、看人、看事件，从而掌握图像识别、人脸识别、文字识别、视频识别的原理；可以体验人工智能如何"闻声识人"，了解语音识别、声纹识别的流程和发展趋势；理解人工智能为何具备懂语义、会思考的能力，通过对自然语言处理、知识图谱的学习，展望和思考人工智能未来的应用和发展，并为学习下一个项目——探索人工智能的行业应用打下基础。

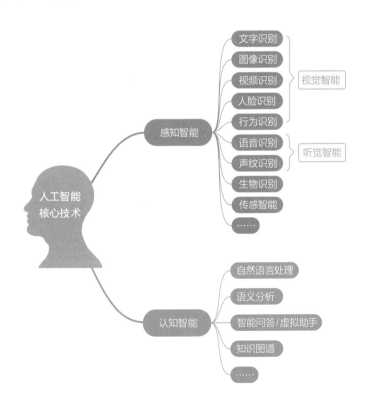

| 任务一 |

视觉智能 —— 机器如何识字、看人

【教学目标】

1. 掌握图像识别、人脸识别、文字识别的含义
2. 理解图像识别、人脸识别、文字识别的原理、技术流程、应用及发展趋势
3. 进行图像识别、人脸识别、文字识别实训

【教学要求】

1. 知识点

图像识别　视频识别　人脸识别　行为识别　文字识别

2. 技能点

掌握图像识别、人脸识别、文字识别的实训操作。

3. 重难点

本任务的重难点是理解视觉智能（视觉 AI）包括哪些应用技术，过去的计算机视觉和现在的视觉智能有什么区别和联系，思考在生活和行业方面有哪些具体应用，从"看得见"到"看得清楚、看得明白"需要如何训练机器，同时，结合每个任务后的实训项目进一步思考，尝试拓展更多实训任务。

【专业英文词汇】

Activity Recognition：动作识别

Computer Vision：计算机视觉

Face Recognition：人脸识别

Image Recognition：图像识别

Image Processing：图像处理

OCR（Optical Character Recognition）：文字识别、光学字符识别

Template Matching：模板匹配

Video Recognition：视频识别

3D Behavior Recognition：3D 行为识别

任务导入

对人类而言，绝大部分信息的获取来自眼睛。让计算机能够像人一样"看见"，从而获得对世界的感知、识别和理解能力，就是"计算机视觉"。对人工智能来说，视觉智能也被视为目前最具应用价值的人工智能技术，它能够让机器具备"从识人知物到辨识万物"的能力，从而看懂、理解这个世界。拥有一双智慧的"双眼"，是人工智能技术在视觉智能层面的重要应用。

刷脸支付、拍照识物、逃犯追捕、货物自动分拣、动物跟踪保护和污染物监测……越来越多的场景可以被"看见"。视觉智能得以广泛应用的背后是什么技术在支撑？人工智能如何靠视觉智能走向大众，走进我们的生活？

计算机如何识别"猫"

内容概览

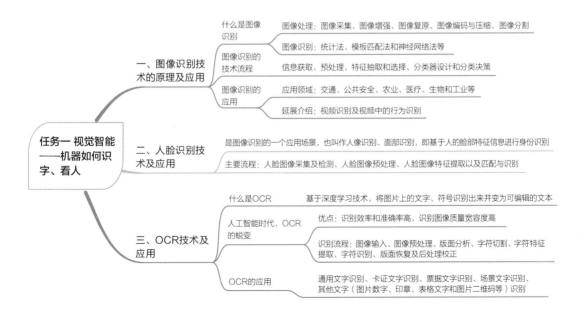

相关知识

作为人工智能技术应用最广泛的领域，视觉智能的核心是用"机器眼"来代替人眼。过去的计算机视觉还主要停留在图像信息表达和物体识别阶段，而现在进入人工智能阶段更强调推理、决策和应用。

由于深度学习技术的发展、计算能力的提升和视觉数据的增长，视觉智能在不少应用中都取得了令人瞩目的成绩，如人脸识别的应用、视频监控分析、文字识别、工业瑕疵检测、自动驾驶/驾驶辅助、医疗影像诊断等，视觉智能和应用场景的结合日益紧密。

计算机视觉应用场景

一、图像识别技术的原理及应用

（一）什么是图像识别

图像识别是人工智能行业应用的一个重要方向，也是机器学习最热门的领域之一。图像识别的发展经历了文字识别、数字图像处理与识别、物体识别三个阶段。其目的是让计算机代替人类去处理大量的物理信息，解决人类无法识别或者识别率特别低的问题。

当看到一张图片时，我们的大脑会迅速搜索，根据存储记忆查看是否见过此图片或与其相似的图片，从而进行识别。其实这就是在"看到"与"感应到"的中间经历了一个迅速识别过程。

机器的图像识别技术也是如此，通过分类并提取重要特征，同时排除多余的信息来识别图像。图像内容通常用图像特征进行描述，包括颜色特征、纹理特征、形状特征及局部特征点等。机器识别的速度和准确率很大程度上取决于这些提取出的特征。

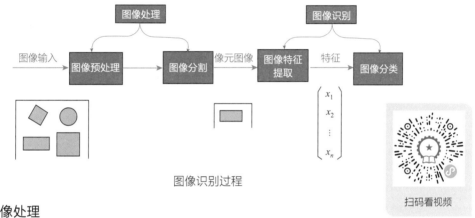

图像特征包含的内容

图像识别过程分为图像处理和图像识别两个部分。

图像识别过程

1. 图像处理

图像处理是利用计算机对图像进行分析，以达到所需的结果，分为模拟图像处理和数字图像处理，而图像处理一般指数字图像处理。一般的图像处理依赖于软件，其目的是去除干扰、噪声，将原始图像进行特征提取，主要包括图像采集、图像增强、图像复原、图像编码与压缩和图像分割，见表3-1。

表3-1　图像特征提取环节

环节	内容
图像采集	主要借助于摄像机、扫描仪、数码相机等设备，对图像进行采集，也包括一些动态图像，并可以将其转为数字图像，与文字、图形、声音一起存储。图像采集是将一个图像变换为适合计算机处理的形式的第一步
图像增强	为突出图像中想抓取的部分，必须对图像进行改善，以缓解图像在成像、采集、传输等过程中，质量或多或少的退化。通过图像增强，减少图像中的干扰和噪声，改变原来图像的亮度、色彩分布、对比度等参数，为后期的图像分析和图像理解奠定基础
图像复原	为提取比较清晰的图像，减少在获取图像时由于环境噪声、运动、光线的强弱等原因造成的图像模糊，需要对图像进行复原。图像复原主要采用滤波方法。另一种特殊技术是图像重建，即从物体横剖面的一组投影数据建立图像

（续）

环节	内容
图像编码 与压缩	为快速方便地在网络环境下传输图像或视频，必须对传输对象进行编码和压缩。例如静态图像压缩标准 JPEG，针对图像的分辨率、色彩等进行规范。由于视频可被看作一幅幅不同且又紧密相关的静态图像的时间序列，因此对动态视频的单帧图像压缩可以应用静态图像的压缩标准。图像编码与压缩技术可以缓解数据量和存储器容量问题，提高图像传输速度，缩短处理时间
图像分割	图像分割是把图像分成一些互不重叠而又具有各自特征的子区域，每一区域是像素的一个连续集，这里的特征可以是图像的颜色、形状、灰度和纹理等。图像分割对图像中的目标、背景进行标记、定位，然后把目标从背景中分离出来。目前，图像分割的方法主要有基于区域特征的分割方法、基于相关匹配的分割方法和基于边界特征的分割方法。在实际的图像中需根据景物条件的不同选择适合的图像分割方法。图像分割为进一步的图像识别、分析和理解奠定了基础

2. 图像识别

将经过处理的图像进行特征提取和分类，这就是图像识别。常用的识别方法包括统计法、模板匹配法和神经网络法，简要介绍如下：

- 统计法。该方法是对图像进行大量的统计分析，找出其中的规律并提取反映图像本质特点的特征来进行图像识别。其缺点是，当特征数量激增时，会给特征提取造成困难，分类也难以实现。尤其是当被识别图像（如指纹、染色体等）的主要特征是结构特征时，用统计法很难进行识别。

- 模板匹配法。该方法是一种基本的图像识别方法，就是把已知物体的模板与图像中所有未知物体进行比较，如果某一未知物体与该模板匹配，则该物体被检测出来，并被认为是与模板相同的物体。该方法虽然简单方便，但其应用有很大的限制，识别率过多地依赖于已知物体的模板。如果已知物体的模板产生变形，则会导致错误识别。

- 神经网络法。这是一种新型图像识别技术，是用神经网络算法对图像进行识别的方法。近十多年来得益于算法的提升和海量的训练数据，让深度学习模型成功应用于一般图像的识别和理解，不仅大大提升了图像识别的准确性，也避免了抽取人工特征时的时间消耗。

这里的神经网络是指人工神经网络，是人类模仿动物神经网络后人工生成的。神经网络侧重于模拟和实现人的认知过程中的感知过程、形象思维、分布式记忆、自学习和自组织过程。例如，当我们在读一封邮件的时候，可以通过标题里面某个特定的词或者内容中出现一些词，来判断它就是垃圾邮件。当我们把这封邮件交给人工神经网络时，众多神经元都会接收到邮件里拆分出的词汇，然后由各个神经元去判断该邮件的内容，最后汇总出一个答案。

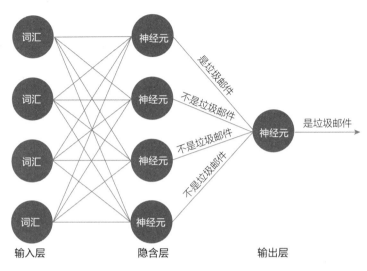

人工神经网络判断是否是垃圾邮件

由于神经网络具有容错性强、独特的联想记忆，以及自组织、自适应和自学习能力，因此特别适合处理信息模糊或不精确问题。神经网络算法的提升对于人工智能技术的应用有着重要推动作用。

（二）图像识别的技术流程

其实计算机的图像识别技术与人类的图像识别行为原理相同，过程也大同小异。图像识别的技术流程为信息获取、预处理、特征抽取和选择、分类器设计和分类决策。

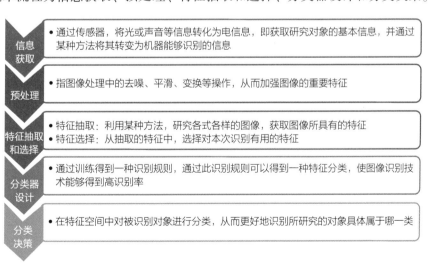

图像识别的技术流程

（三）图像识别的应用

图像识别技术在交通、公共安全、农业、医疗、生物和工业等很多领域都有广泛的应用。例如交通方面的车牌识别系统，公共安全方面的人脸识别技术、指纹识别技术，农业方面的种子识别技术、食品品质检测技术，医疗方面的心电图识别技术等。现实生活中，视频监控、人脸检测和识别等都是图像识别最广泛的应用。

作为图像识别技术的重要应用，视频识别及视频中的行为识别在各领域有着广泛的应用和发展前景。视频识别中的一个重要课题是视频理解，主要包括以下内容：

- 视频结构化分析：即对视频进行帧、超帧、镜头、场景、故事等分割，从而在多个层次上进行处理和表达。
- 目标检测和跟踪：如车辆跟踪，多应用在交通安防领域。
- 人物识别：识别出视频中出现的人物。
- 动作识别：识别出视频中人物的动作。视频中的行为识别是计算机视觉研究中的重要领域，即将人的活动进行拆分并识别。

视频中的行为识别

目前，图像识别技术在应用上还只是起着导盲犬性质的指引作用，需要通过人工添加标签或注释，帮助机器理解图片。不过，图像识别技术的发展从未停止，随着研究的深入和技术的进步，能够具有人一样的视觉，能够理解图像内容的人工智能将无处不在。

二、人脸识别技术及应用

人脸识别是图像识别的一个应用场景，通常也叫作人像识别、面部识别。人脸识别，是基于人的脸部特征信息进行身份识别的一种生物识别技术，是用摄像机或摄像头采集含有人脸的图像或视频流，并自动在图像中检测和跟踪人脸，进而对检测到的人脸进行数据分析的一系列相关技术。

人脸识别的主要流程包含人脸图像采集及检测、人脸图像预处理、人脸图像特征提取以及匹配与识别。

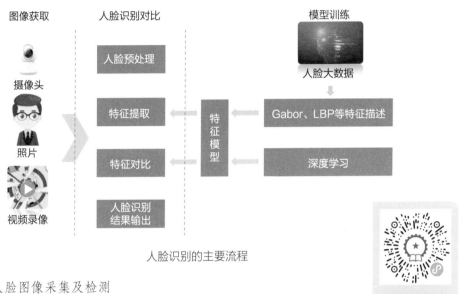

人脸识别的主要流程

（1）人脸图像采集及检测

1）人脸图像采集。当用户在采集设备的拍摄范围内时，采集设备会自动搜索并拍摄用户的人脸图像。该流程一般由摄像头模组完成（RGB摄像头、红外摄像头或者3D摄像头等）。

2）人脸检测。实际中主要用于人脸识别的预处理，即在图像中准确标定出人脸的位置和大小。人脸图像中包含的模式特征十分丰富，如直方图特征、颜色特征、模板特征和结构特征等。人脸检测就是把其中有用的信息挑出来，并利用这些特征实现检测。

（2）人脸图像预处理 人脸图像预处理是基于人脸检测结果，对图像进行处理并最终服务于特征提取的过程。人脸识别系统获取的原始图像由于受到各种条件的限制和随机干扰，往往不能直接使用，必须在图像处理的早期阶段对它进行灰度校正、噪声过滤等预处理。

主要预处理过程包括人脸对准（得到人脸位置端正的图像）、人脸图像的光线补偿、灰度变换、直方图均衡化、归一化（取得尺寸一致、灰度取值范围相同的标准化人脸图像）、几何校正、中值滤波（图片的平滑操作以消除噪声）以及锐化等。

（3）人脸图像特征提取 这是针对人脸的某些特征进行的，也称为人脸表征，它是对人脸进行特征建模的过程。可使用的特征通常分为视觉特征、像素统计特征、人脸图像变换系数特征和人脸图像代数特征等。

（4）匹配与识别 提取的人脸特征值数据与数据库中存储的特征模板进行搜索匹配，通过设定一个阈值，将相似度与这一阈值进行比较，来对人脸的身份信息进行判断。

人脸识别技术应用范围很广，在很多领域有着广阔的应用场景，例如：

1）企业、住宅安全和管理，如人脸识别门禁考勤系统、人脸识别防盗门等。

2）电子护照及身份证。

3）公安、司法和刑侦。

4）自助服务。

5）信息安全，如计算机登录、电子政务和电子商务等。

三、OCR技术及应用

（一）什么是OCR

OCR（Optical Character Recognition），意为光学字符识别，即文字识别。通俗地理解，就是利用该识别技术，可以代替人工录入，将图片上的文字、符号识别出来并变为可编辑的文本。

OCR的发展为无纸化、智能化办公提供了技术支持。例如在图书馆、资料室、古籍管理室等，对纸质文字拍照即可变成可编辑的文字，便于检索分类，省去操作耗时、错误率较高的人工，避免对珍贵史料造成损坏。此外，OCR还可以识别视频中的文字，例如，对互联网视频内容进行识别审核、监控，筛除掉违规的视频、广告等。

扫码看视频

OCR的使用场景

（二）人工智能时代，OCR的蜕变

1. 智能OCR的优点

随着人工智能时代的到来，深度学习技术进入视觉识别领域，一种全新的基于深度学习的智能OCR流程被提出来。

智能OCR从单字识别进化到整行识别，文字识别准确率大幅提升。同时，智能OCR技术大大提升了对识别图像质量的宽容度，可以有效识别光照不均、图像模糊、背景复杂等低质量图像。

相比传统OCR，智能OCR不需要扫描仪或高拍仪、手机等移动设备拍摄的照片，只要文字用肉眼可辨认，都可以用于 OCR。甚至，对于手写字体的识别不再是"噩梦"，人工智能会不断学习各种写字习惯，可谓"最恐怖的学习达人"，任何一个字它都能在 1s 内完成识别。

同时，针对各类复杂背景下的证件，智能 OCR 将会自动进行关键点捕捉，从复杂的背景中提取有效信息，并自动进行水平校对和角度修正。如果关联至指定页面，它还会根据定位自动进行填充，调整文字字号以适应框体。这种模式尤其适用于烦琐复杂的数据表格。

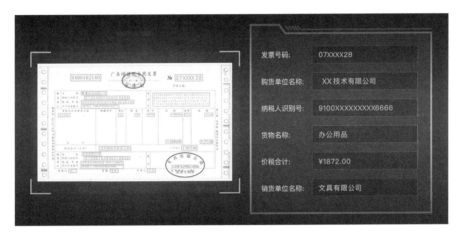

OCR: 发票的定位效果

2. 智能 OCR 的流程

智能 OCR 大幅度提升了识别效率与识别质量，其整个流程主要分为八个步骤，见表 3 - 2。

表 3 -2　智能 OCR 的流程

序号	步骤	步骤内容
1	图像输入	采集所要识别的图像，如名片、身份证、护照、行驶证、驾驶证、公文和文档等
2	图像预处理	包含二值化、去噪、倾斜度矫正等
3	版面分析	对将要识别的文档进行分段、分行处理
4	字符切割	定位出字符串的边界，然后分别对字符串进行单个切割
5	字符特征提取	提取字符特征，为识别提供依据
6	字符识别	将当前字符提取的特征向量与特征模板库对比，进行模板粗分类和模板细匹配，识别出字符
7	版面恢复	将识别结果按照原来的版面排版，输出 Word 或 PDF 格式的文档
8	后处理校正	根据特定的语言上下文的关系，对识别结果进行校正

（三）OCR 的应用

OCR 包含通用文字识别、卡证文字识别、票据文字识别、场景文字识别，以及其他文字（图片数字、印章、表格文字和图片二维码等）识别等。

OCR 的应用场景

OCR 的应用在当前已是百花齐放。例如，每天需处理大量表格录入信息的邮政、税务、海关和审计等部门利用 OCR 对表格中的文字进行识别；网络信息安全企业对照片上的文字进行识别剖析，进而判断其是否含有违法内容；对图书馆藏书电子化，提高了效率和准确度；手机 APP 扫描名片、身份证，并识别出里面的信息；采用车牌识别技术，汽车进出停车场不再需要人工登记等。

在物流行业，快递企业通过手写体文字识别技术，自动识别出运单收寄件人的电话号码和地址等字段，再结合自有运单数据库，可以自动匹配到更完整、更充分的运单各字段信息，大幅度提升了运单信息录入效率和物流资源的调度匹配能力。

OCR 用于运单信息录入

以身份证的管理和识别为例，OCR 支持对第二代居民身份证正反面所有八个字段进行结构化识别，包括姓名、性别、民族、出生日期、住址、公民身份号码、签发机关和有效期限，识别准确率超过99%，同时支持身份证反面头像检测。

　　除了服务于过去的"办公室一族"，智能 OCR 技术的身影也已经逐渐覆盖到智慧城市、智慧金融、智慧交通和智慧医疗等越来越多的领域。"一键识别，无须修改"，当这样的智能识别技术进入我们的工作之中时，也许未来某些岗位就要让位于人工智能！

 ## 实训任务

实训项目 1　物体图像识别

任务描述	基于前面对图像识别技术的学习和了解，依托艾智讯平台实训演练模块，利用摄像机拍照或本地上传物体图像，通过人工智能应用编程，自动对照片中的物体进行图像识别，可用于内容及广告推荐、图片内容检索、拍照识图、相册分类等场景
任务目标	通过"物体图像识别"实训项目实践主要达到以下目的： ➤ 了解图像识别技术中物体图像采集、物体检测、物体图像预处理、物体图像特征提取的相关技术流程与实现原理 ➤ 熟悉图像识别类积木的含义及使用方法 ➤ 通过多种渠道采集不同物体图像人工智能样本数据，对相关图像识别算法模型进行调用与校验，清楚摄像头的结构原理与连接使用方法 ➤ 探索图像识别技术与自身专业融合的实际需求与行业场景，能应用人工智能思维发现问题、解决问题

任务实施	操作截图	操作步骤
	1. 进行"物体图像识别"实训项目的准备工作	
		准备实训环境及设备：艾智讯平台的人工智能实训室模块、物体图像、摄像头、网络及计算机等
	2. 了解人工智能实训室的功能分区、创作流程、积木类别区	
		了解人工智能实训室的功能分区、创作流程、积木类别区。在"积木类别区"单击"扩展"按钮，添加人工智能应用的图像识别类积木，并熟悉图像识别类积木的含义及使用方法

　⊖　可登录艾智讯平台 www. aitrais. com 进行书中相关实训项目的操作。——编者注

（续）

操作截图	操作步骤
3. 根据程序工作流程图，完成积木编程与运行	

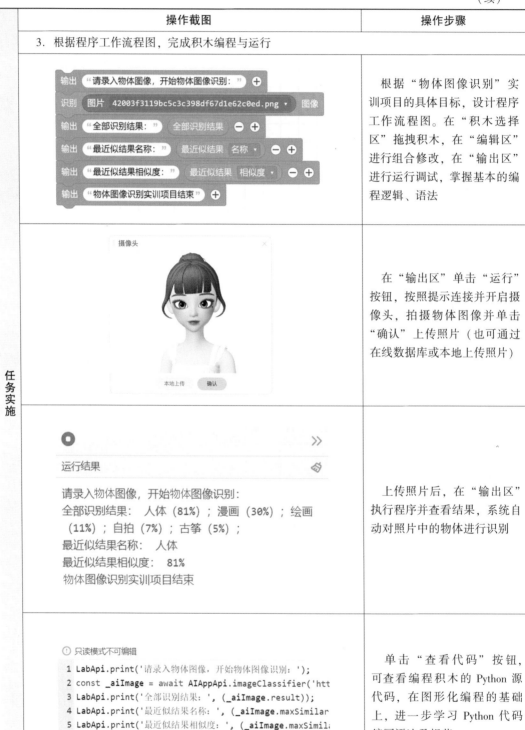

任务实施

（表格内容）

操作截图	操作步骤
输出 "请录入物体图像，开始物体图像识别:" ⊕ 识别 图片 42003f3119bc5c3c398df67d1e62c0ed.png ▾ 图像 输出 "全部识别结果:" 全部识别结果 ⊖ ⊕ 输出 "最近似结果名称:" 最近似结果 名称 ▾ ⊖ ⊕ 输出 "最近似结果相似度:" 最近似结果 相似度 ▾ ⊖ ⊕ 输出 "物体图像识别实训项目结束" ⊕	根据"物体图像识别"实训项目的具体目标，设计程序工作流程图。在"积木选择区"拖拽积木，在"编辑区"进行组合修改，在"输出区"进行运行调试，掌握基本的编程逻辑、语法
摄像头 ✕ 本地上传　确认	在"输出区"单击"运行"按钮，按照提示连接并开启摄像头，拍摄物体图像并单击"确认"上传照片（也可通过在线数据库或本地上传照片）
⬛　　　　　　　　　　　》 运行结果 请录入物体图像，开始物体图像识别: 全部识别结果: 人体（81%）；漫画（30%）；绘画（11%）；自拍（7%）；古筝（5%）； 最近似结果名称: 人体 最近似结果相似度: 81% 物体图像识别实训项目结束	上传照片后，在"输出区"执行程序并查看结果，系统自动对照片中的物体进行识别
ⓘ 只读模式不可编辑 1 LabApi.print('请录入物体图像，开始物体图像识别: '); 2 const _aiImage = await AIAppApi.imageClassifier('htt 3 LabApi.print('全部识别结果: ', (_aiImage.result)); 4 LabApi.print('最近似结果名称: ', (_aiImage.maxSimilar 5 LabApi.print('最近似结果相似度: ', (_aiImage.maxSimila 6 LabApi.print('物体图像识别实训项目结束');	单击"查看代码"按钮，可查看编程积木的 Python 源代码，在图形化编程的基础上，进一步学习 Python 代码编写语法及规范

实训项目2 人体姿态侦测

任务描述	基于前面对姿态侦测技术的学习和了解,依托艾智讯平台实训演练模块,利用摄像机拍照上传人体照片,通过人工智能应用编程,自动对照片中的人体进行识别,精准定位多个核心关键点,包含头顶、五官、颈部、四肢等主要关节部位,可用于体育健身、娱乐互动、安防监控等场景
任务目标	通过"人体姿态侦测"实训项目实践主要达到以下目的: ➤ 了解人体识别技术中人体照片采集、人体检测、人体照片预处理、人体照片特征提取的相关技术流程与实现原理 ➤ 熟悉姿态侦测类积木的含义及使用方法 ➤ 通过多种渠道采集不同人体照片人工智能样本数据,对相关姿态侦测算法模型进行调用与校验,清楚摄像头的结构原理与连接使用方法 ➤ 探索姿态侦测技术与自身专业融合的实际需求与行业场景,能应用人工智能思维发现问题、解决问题

	操作截图	操作步骤
任务实施	**1. 进行"人体姿态侦测"实训项目的准备工作** 	准备实训环境及设备:艾智讯平台的人工智能实训室模块、人体照片、摄像头、网络及计算机等
	2. 了解人工智能实训室的功能分区、创作流程、积木类别区 	了解人工智能实训室的功能分区、创作流程、积木类别区。在"积木类别区"单击"扩展"按钮,添加人工智能应用的姿态侦测类积木,并熟悉姿态侦测类积木的含义及使用方法

（续）

操作截图	操作步骤
3. 根据程序工作流程图，完成积木编程与运行	

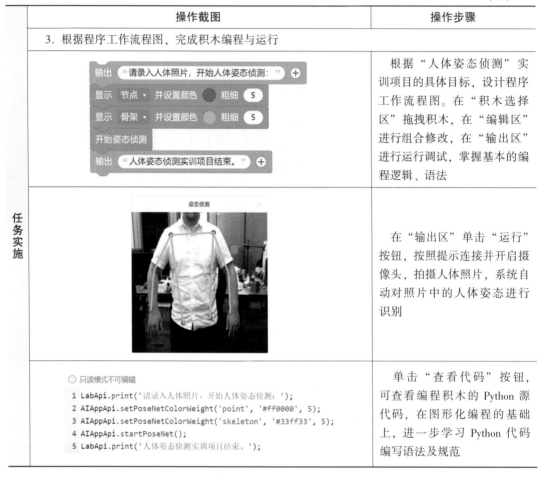

<table>
<tr><td rowspan="3">任务实施</td><td>（积木编程截图）</td><td>根据"人体姿态侦测"实训项目的具体目标，设计程序工作流程图。在"积木选择区"拖拽积木，在"编辑区"进行组合修改，在"输出区"进行运行调试，掌握基本的编程逻辑、语法</td></tr>
<tr><td>（姿态侦测照片截图）</td><td>在"输出区"单击"运行"按钮，按照提示连接并开启摄像头，拍摄人体照片，系统自动对照片中的人体姿态进行识别</td></tr>
<tr><td>① 只读模式不可编辑
1 LabApi.print('请录入人体照片，开始人体姿态侦测：');
2 AIAppApi.setPoseNetColorWeight('point', '#ff0000', 5);
3 AIAppApi.setPoseNetColorWeight('skeleton', '#33ff33', 5);
4 AIAppApi.startPoseNet();
5 LabApi.print('人体姿态侦测实训项目结束。');</td><td>单击"查看代码"按钮，可查看编程积木的 Python 源代码，在图形化编程的基础上，进一步学习 Python 代码编写语法及规范</td></tr>
</table>

实训项目3　神奇的跑马灯

任务描述	基于对人工智能图形化编程的初步学习和了解，依托艾智讯平台实训演练模块及 AI 模方基础应用实训设备，经过设计程序工作流程图、拖拽图形化代码积木、运行与调试代码程序、硬件联调等一系列实训过程，可完成"神奇的跑马灯"实训任务。通过对 AI 模方的 LED 灯带进行控制（颜色、变换速度等），真切感受计算机程序与硬件设备的有效联动
任务目标	通过"神奇的跑马灯"实训项目实践主要达到以下目的： ➤ 深入了解人工智能"程序如何控制机器"——从"发出指令"到"做出反应"的场景设计与实现 ➤ 能够创建一个人工智能实训项目，并完成软硬件环境的联调 ➤ 掌握基本的编程逻辑、语法，通过图形化编程实现实训项目预设目标 ➤ 能够进一步思考在实际生活场景中，如何应用人工智能思维发现问题、解决问题（如智能交通红绿灯控制）

（续）

操作截图	操作步骤
1. 完成实训准备工作，熟悉相关积木的含义及使用方法	
	准备实训环境及设备：艾智讯平台、AI模方、网络及计算机等
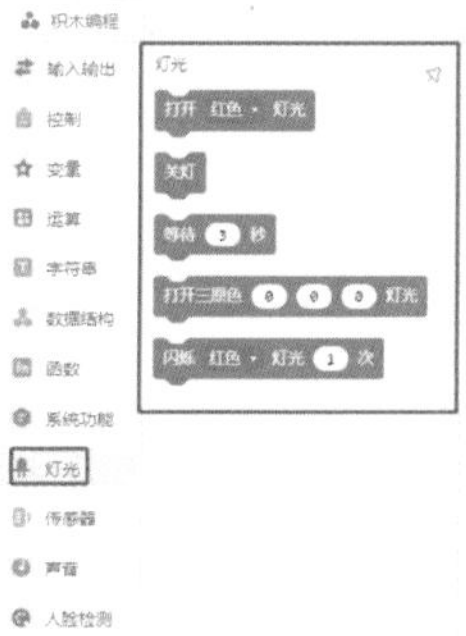	熟悉相关积木：打开"硬件实验室"，在"积木类别区"中找到"灯光"类的相关积木，熟悉相关积木的使用方法
2. 完成积木编程并查看程序运行结果	
	根据"神奇的跑马灯"实训项目的具体目标，设计程序工作流程图。掌握基本的编程逻辑、语法，根据项目流程设计，在"积木选择区"拖拽积木，在"编辑区"进行组合修改
	在"设备区"单击"上传到设备"进行硬件联动调试，执行程序并查看结果

左侧栏：任务实施

（续）

操作截图	操作步骤
	单击"查看代码"按钮，可查看编程积木的 Python 源代码，进一步学习 Python 代码编写语法及规范

任务实施

3. 完成 AI 模方硬件联调，检验编程实现效果

	打开 AI 模方，单击"设置"。查看设备 IP 地址，在平台端输入设备 IP 地址，单击"连接设备"。设备连接成功后，单击"上传到设备"，观察 AI 模方 LED 灯带"神奇的跑马灯"执行效果

 自我测试

1. 谈一谈：列举你身边的图像识别、人脸识别、文字识别应用案例，试想还有哪些改进或创新之处。

2. 想一想：视觉智能相关技术在哪些方面已超越人类，进而影响到了传统的就业岗位？又在哪些方面现阶段甚至很长一段时间内还不能代替人类的角色？

| 任务二 |

听觉智能 —— 机器如何"闻声识人"

【教学目标】

1. 理解并掌握语音识别技术的含义及应用领域
2. 了解声纹识别与语音识别的区别与联系
3. 进行语音识别实训

【教学要求】

1. 知识点

语音识别　语音特征提取　人机对话系统的角色演进　声纹识别

2. 技能点

掌握语音识别为文本、文本识别为语音的双向实训操作。

3. 重难点

本任务的重点是理解语音识别、声纹识别技术的含义、应用领域及相互间的区别和联系，以及语音转变成文本的技术和流程；难点是通过本任务的学习，深入思考语音识别、语义理解、自然语言生成这样一个人机对话系统的演进过程。

【专业英文词汇】

Identification of the Content：内容辨识

Isolated Word Recognition：孤立词识别

Keyword Spotting：关键词识别

Language Recognition：语种识别

Man Machine Dialogue System：人机对话系统

Speech Recognition：语音识别

Semantic Understanding：语义理解

Voiceprint Recognition：声纹识别

Voice Input System：语音输入系统

Voice Control System：语音控制系统

任务导入

语言是人与人之间交流的工具，也是人与机器之间交流的阻碍，那么能否让人工智能充当人与人之间的翻译，甚至让人与机器顺畅对话呢？答案是肯定的。语音识别，作为人机交互的第一入口，已让这一梦想成为现实：可以与人对话的智能音箱，听得懂指令的智能家居设备，能懂多国语言的智能翻译，电话客服机器人……都已走进了我们的生活。听觉智能"闻声识人"是如何做到的？看似简短的人机对话背后有怎样复杂的处理流程？

人与机器的日常对话

内容概览

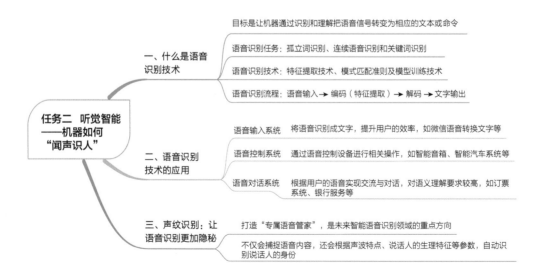

相关知识

如何让机器具备"听"的能力？语音识别技术，也被称为自动语音识别，其目标就是让机器听懂人类的语言。语音识别技术给计算机添上了"耳朵"，利用该技术，就可以让计算机按照语音命令做一些有趣的事情。

随着深度学习的兴起，语音识别技术的发展将更上一个台阶。融合语义理解、语音交互的智能语音系统将不断成熟，未来的机器不仅能听、会说，还能理解、会思考。

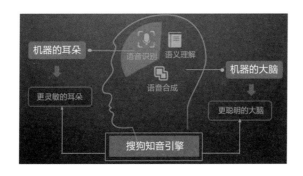

机器听觉及对话处理技术

一、什么是语音识别技术

语音识别技术就是让机器通过识别和理解把语音信号转变为相应的文本或命令的技术。根据识别对象的不同，语音识别任务大体可分为孤立词识别、连续语音识别和关键词识别三类。孤立词识别，如"开机""关机"等；连续语音识别，如识别一个句子或一段话；关键词识别，针对的是连续语音，检测已知的关键词在何处出现，如在一段话中检测"人工智能""深度学习"这两个词。

语音信号具有得天独厚的优势，虽然表现形态简单，但是形简意丰。语音信号包含语义内容信息，语种（语言、方言）信息，说话人身份（唯一身份证明）、性别信息，情感信息（高兴、悲伤、恐惧、焦虑……）等。声纹结合内容和情感等信息是进行语音识别与分辨的最佳工具。

语音识别技术主要包括特征提取技术、模式匹配准则及模型训练技术三方面。其识别流程如下：

- 信号处理：声音信号是连续的模拟信号，为了保证音频不失真，要进行降噪和过滤处理，保证计算机识别的是过滤后的语音信息。
- 信号表征提取：对语音的内容信息根据声学特征进行提取，并尽量对数据进行压缩，提取完成之后，就进入了特征识别、字符生成环节。

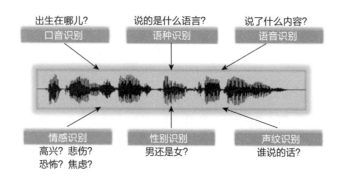

形简意丰的语音信号

- 模式识别：从每一帧中找出当前的音素，由多个音素组成单词，再由单词组成文本句子。通过声学模型识别音素，通过语言模型和词汇模型识别单词和句子。

这样，只要模型中涵盖足够的语料，即语音的大数据集，就能解决各种语音识别问题。经过这个流程，就能将语音识别成文本了。

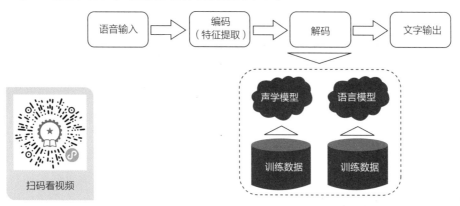

语音识别流程

深度学习的应用，极大地促进了语音识别技术的发展，弥补了数据统计模型和算法的不足，大大提高了语音识别系统的识别率。未来语音识别技术的发展还将大力提升识别系统中的语言模型，增加词汇量，同时使连续语音识别更精准。真正实现人机交互，智能语音识别系统还有很长的路要走，这也是未来语音识别的发展方向。

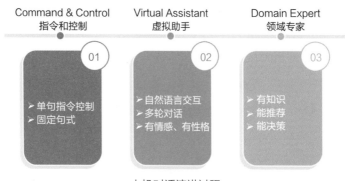

人机对话演进过程

二、语音识别技术的应用

语音识别已成为人工智能应用的一个重点，并已深入应用到众多垂直行业领域中。概括起来，智能语音识别主要应用于以下三个领域，这也是语音识别商业化发展的主要方向。

（1）语音输入系统　将语音识别成文字，提升用户的效率，如微信语音转换文字、讯飞输入法等。

（2）语音控制系统　通过语音控制设备进行相关操作，彻底解放双手，如智能音箱、智能汽车系统等。

（3）语音对话系统　与语音输入系统和语音控制系统相比，语音对话系统更为复杂，代表着语音识别的未来方向。它将会根据用户的语音实现交流与对话，保证回答的内容准确，对语义理解要求较高。在家庭机器服务员、宾馆服务、订票系统和银行服务等方面，都将会起到非常重要的作用。

在日常的工作生活中，语音识别已得到广泛应用，如医疗智能语音录入系统、智能车载、可穿戴设备、智能家居等。

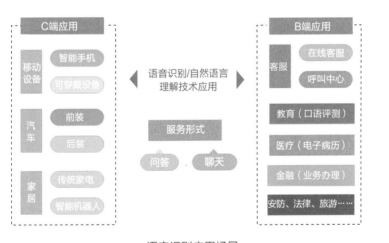

扫码看视频

语音识别应用场景

三、声纹识别：让语音识别更加隐秘

如果说语音识别的目的是提升效率，那么声纹识别的目的则是进行身份确认与审查。智能语音系统可以大大提升人们的工作效率和生活质量，但是有一个问题却始终存在：任何人都可以启动这些人工智能设备，隐私保护较差，并不是用户的"专属语音管家"。所以，声纹识别成为未来智能语音识别领域的重点方向。

与语音识别相比，声纹识别的最大特点在于智能系统不仅会捕捉语音内容，还会根据声波特点、说话人的生理特征等参数，自动识别说话人的身份。因为每个人发出的声纹图谱会与其他人不同,声纹识别正是通过比对说话人在相同音素上的发声来判断是否为同一个人,从而实现"闻声识人"的功能。

声音波形图

声音语谱图

声纹识别作为最前沿的生物识别技术,随着技术的成熟,将会在越来越多的应用场景中落地,未来声音也将在我们的科技生活中扮演越来越重要的角色。

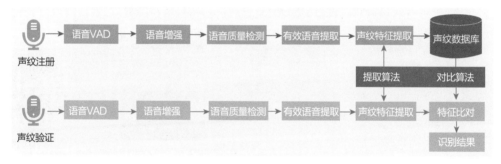

声纹识别流程示意图

 实训任务

实训项目1　中文语音识别

任务描述	基于前面对语音识别技术的学习和了解,依托艾智讯平台实训演练模块,利用传声器录音或本地上传中文音频,通过人工智能应用编程,自动将音频中的中文精准识别为文字,可用于手机语音输入、智能语音交互、语音指令、语音搜索等短语音交互实际场景

（续）

	通过"中文语音识别"实训项目实践主要达到以下目的：
任务目标	➢ 了解语音识别技术中语音音频采集、语音检测、语音音频预处理、语音音频特征提取的相关技术流程与实现原理 ➢ 熟悉语音识别类积木的含义及使用方法 ➢ 通过多种渠道采集不同语音音频人工智能样本数据，对相关语音识别算法模型进行调用与校验，清楚传声器的结构原理与连接使用方法 ➢ 探索语音识别技术与自身专业融合的实际需求与行业场景，能应用人工智能思维发现问题、解决问题

	操作截图	操作步骤
	1. 进行"中文语音识别"实训项目的准备工作	
任务实施		准备实训环境及设备：艾智讯平台的人工智能实训室模块、语音音频、传声器、网络及计算机等
	2. 了解人工智能实训室的功能分区、创作流程、积木类别区	
		了解人工智能实训室的功能分区、创作流程、积木类别区。在"积木类别区"单击"扩展"按钮，添加人工智能应用的语音识别类积木，并熟悉语音识别类积木的含义及使用方法
	3. 根据程序工作流程图，完成积木编程与运行	
	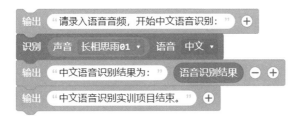	根据"中文语音识别"实训项目的具体目标，设计程序工作流程图。在"积木选择区"拖拽积木，在"编辑区"进行组合修改，在"输出区"进行运行调试，掌握基本的编程逻辑、语法

（续）

操作截图	操作步骤
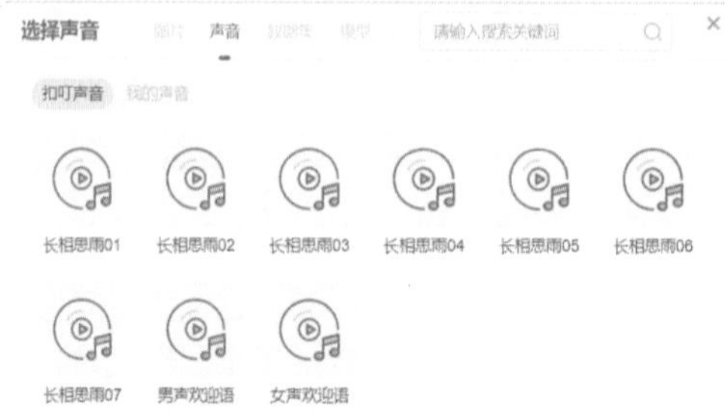 选择声音　推广　声音　创作性　生字　　请输入搜索关键词　　Q　× 扣叮声音　我的声音 长相思雨01　长相思雨02　长相思雨03　长相思雨04　长相思雨05　长相思雨06 长相思雨07　男声欢迎语　女声欢迎语	在"输出区"单击"运行"按钮，按照提示通过在线数据库或本地上传音频，并单击"确认添加"上传音频（也可连接并开启摄像头，录制语音音频）
 ⬤　　　　　　　　　　　　　　　》》 运行结果　　　　　　　　　　　　🖑 请录入语音音频，开始中文语音识别： 中文语音识别结果为： 长相思雨。宋代。莫旗永。 中文语音识别实训项目结束。	上传音频后，在"输出区"执行程序并查看结果，系统自动对音频中的中文语音进行识别
 ① 只读模式不可编辑 ``` 1 LabApi.print('请录入语音音频，开始中文语音识别：'); 2 Blockly.JavaScript._aiAudioResult = await AIAppApi.recogni 3 LabApi.print('中文语音识别结果为：'，(Blockly.JavaScript._ai 4 LabApi.print('中文语音识别实训项目结束。'); ```	单击"查看代码"按钮，可查看编程积木的 Python 源代码，在图形化编程的基础上，进一步学习 Python 代码编写语法及规范

（左侧竖排）任务实施

实训项目2　智能问答

任务描述	基于前面对语音识别技术的学习和了解，依托艾智讯平台实训演练模块及 AI 模方基础应用实训设备，经过设计程序工作流程图、拖拽图形化代码积木、运行与调试代码程序、硬件联调等一系列实训过程，可完成"智能问答"实训任务。通过图形化编程录入知识问答素材，实现与 AI 模方的互动问答，还可应用于日常对话、信息查询、天气预报、闹钟设置等实际场景
任务目标	通过"智能问答"实训项目实践主要达到以下目的： ➤ 深入了解智能问答应用场景的设计与实现 ➤ 学习 AI 模方、传声器、音箱等设备组件的结构与原理 ➤ 能够创建一个人工智能实训项目，并完成软硬件环境的联调 ➤ 掌握基本的编程逻辑、语法，通过图形化编程实现实训项目预设目标 ➤ 能够结合实际场景，应用人工智能思维发现问题、解决问题

（续）

操作截图	操作步骤
1. 完成实训准备工作，熟悉相关积木的含义及使用方法	
	准备实训环境及设备：艾智讯平台、AI 模方、网络及计算机等
	熟悉相关积木：打开"硬件实验室"，在"积木类别区"中找到"声音"类的相关积木，熟悉相关积木的使用方法
2. 完成积木编程并查看程序运行结果	
	根据"智能问答"实训项目的具体目标，设计程序工作流程图。掌握基本的编程逻辑、语法，根据项目流程设计，在"积木选择区"拖拽积木，在"编辑区"进行组合修改
	在"设备区"单击"上传到设备"进行硬件联动调试，执行程序并查看结果

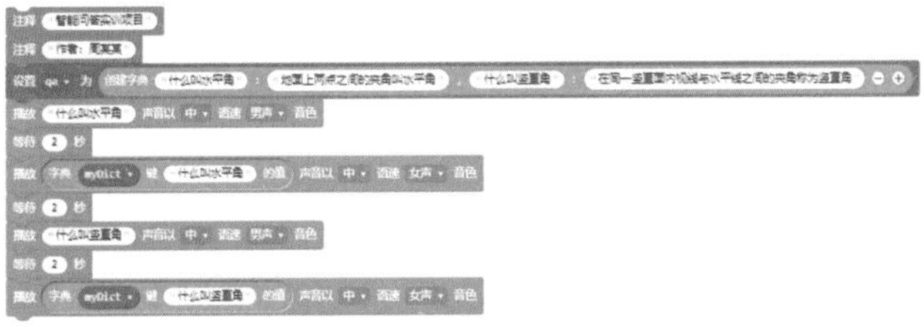

（左侧竖排）任务实施

（续）

操作截图	操作步骤
	单击"查看代码"按钮，可查看编程积木的 Python 源代码，进一步学习 Python 代码编写语法及规范

（任务实施）

3. 完成 AI 模方硬件联调，检验编程实现效果

	打开 AI 模方，单击"设置"。查看设备 IP 地址，在平台端输入设备 IP 地址，单击"连接设备"。设备连接成功后，单击"上传到设备"，观察 AI 模方"智能问答"执行效果

 ## 自我测试

1. 结合身边的语音识别技术应用案例（如智能音箱、服务机器人），讨论其工作原理和流程。

2. 想一想：目前的语音识别技术在哪些方面还有提升空间？有哪些应用前景？

| 任务三 |

认知智能 —— 机器如何懂语义、会思考

【教学目标】

1. 理解并掌握自然语言处理的含义及常见应用
2. 初步学习知识图谱的内涵、体系及应用
3. 了解数据智能的定义、发展目标及数据中台的意义
4. 了解大语言模型及其训练方式

【教学要求】

1. 知识点

自然语言处理的含义及应用　知识图谱的定义　知识图谱的体系架构及应用
数据智能的发展　数据中台和业务中台的价值　大语言模型的内涵及发展
大语言模型的训练方式　多模态 AI 的创新应用

2. 重难点

本任务的重点是理解自然语言处理、知识图谱、数据智能、大语言模型、多模态 AI 的定义及在工作生活中的应用领域；难点是理解它们之间的促进关系、对人工智能技术水平发展的关键作用，进一步思考当机器懂语义、会思考后，人和机器的关系可能会是什么样的。

【专业英文词汇】

Data Intelligence：数据智能

Data Middle Platform：数据中台

Human-Computer Interaction：人机交互

Information Extraction：信息提取

Knowledge Graph：知识图谱

Machine Translation：机器翻译

NER（Named Entity Recognition）：命名实体识别

NLP（Natural Language Processing）：自然语言处理

Sentiment Analysis：情感分析

Text Classification：文本分类

LLM（Large Language Model）：大语言模型

GPT（Generative Pre-trained Transformer）：生成式预训练语言模型

任务导入

当提到"今日头条",大多数人脑海里第一反应是什么?是新闻推送的 APP。但奇怪的是,每个人看到的内容和文章不完全一样;再看新浪、搜狐等,每个人看到的新闻似乎都差不多。同是新闻网站,差别怎么这么大?

用户随意在淘宝上关注一款玩具,怎么每一次打开淘宝,类似的玩具越来越多,源源不断地推送,好像知道用户喜欢什么,在寻找什么。

不知不觉间,人们的喜好、行为习惯、生活轨迹已经被诸多 APP 捕获,人们在不经意地训练着机器,而机器也在更努力地学习着人们、理解着人们……

未来的某一天,人和机器会形成统一的语言吗?机器能像人一样会思考、能理解、做决策吗?

内容概览

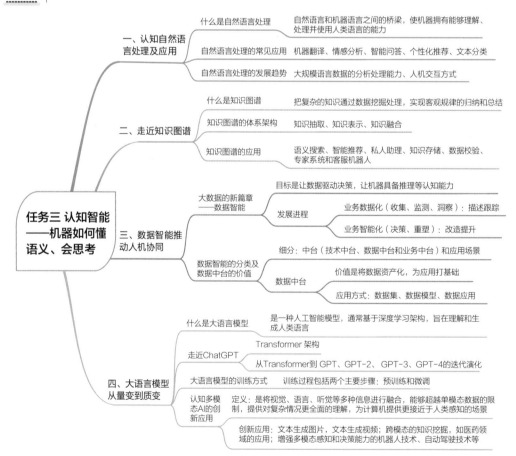

相关知识

人工智能更"聪明"的智能水平是认知智能，就是让机器能理解、会思考、主动采取行动。如何让机器更"聪明"？首先就是让它理解人类的语言，如果机器和人类拥有一样的语言体系，那相互间的交流、训练及理解就会非常高效。有了统一的语言，还需要机器拥有强大的知识库，而知识图谱就是在自然语言处理的基础上发展而来的。

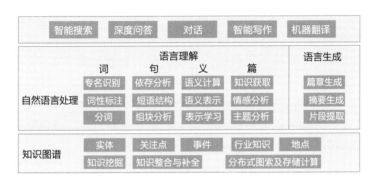

自然语言处理与知识图谱

一、认知自然语言处理及应用

（一）什么是自然语言处理

自然语言处理的目标是弥补人类交流（自然语言）与计算机理解（机器语言）之间的差距，最终实现计算机在理解自然语言上像人类一样智能。其实就是在自然语言和机器语言之间搭起一个桥梁，使计算机拥有能够理解、处理，并使用人类语言的能力。

比如，一台机器如果既懂汉语又懂英语，那么它就可以充当翻译；如果空调能理解人类的语言，那么用户就可以不用按钮而是直接通过语言来遥控空调。自然语言是人类区别于其他动物的根本标志，只有当计算机具备了处理自然语言的能力时，才算实现了真正的智能。

自然语言处理（NLP）

（二）自然语言处理的常见应用

自然语言处理正在人们的日常生活中扮演着越来越重要的角色，以下为几种常见应用。

- "机器翻译"让世界变成真正意义上的地球村，其效率高、成本低，满足了全球各国多语言信息快速翻译的需求。谷歌、百度等公司都提供了基于海量网络数据的机器翻译和辅助翻译工具。

- "情感分析"作为一种常见的自然语言处理方法的应用，可以让我们能够从大量数据中识别和吸收相关信息，而且还可以理解更深层次的含义，能够判断出一段文字所表达观点和态度的正负面性。比如，企业分析消费者对产品的反馈信息，或者检测在线评论中的差评信息等。

- "智能问答"能够利用计算机自动回答用户所提出的问题。在回答用户问题时，首先要正确理解用户所提出的问题，抽取其中的关键信息，在已有的语料库或者知识库中进行检索、匹配，将获取的答案反馈给用户，常用于智能语音客服等。

- "个性化推荐"可以依据大数据和历史行为记录，分析出用户的兴趣爱好，实现对用户意图的精准理解，实现精准匹配。例如，在新闻服务领域的今日头条，通过用户阅读的内容、时长、评论等偏好，以及社交网络甚至是所使用的移动设备型号等，综合分析用户所关注的信息源及核心词汇，进行专业的细化分析，从而进行新闻推送，实现新闻的个人定制服务，最终提升用户黏性。

- "文本分类"用于打击垃圾邮件。自然语言处理通过分析邮件中的文本内容，能够相对准确地判断邮件是否为垃圾邮件。它通过学习大量的垃圾邮件和非垃圾邮件，收集邮件中的特征词生成垃圾词库和非垃圾词库，然后根据这些词库的统计频数计算邮件属于垃圾邮件的概率，以此来进行判定。

扫码看视频

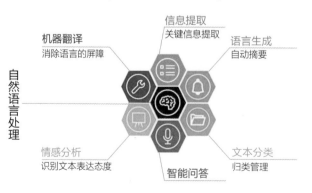

自然语言处理应用举例

由此可见，自然语言处理已深入到人们的工作生活中，以上几种常用场景其实人们已司空见惯，只是不懂得背后的技术和原理。

再比如网上购物，现已成为人们日常生活中重要的一部分。而自然语言处理则依据大数据和用户行为给企业带来诸多便利，实现了商业模式的巨大变化。

➤ 分析用户词句。当顾客在网上了解企业或者查看产品时，通过分析用户词句，实现对客户意图的精准理解，这极大地降低了企业在搜集客户喜好和调查市场时的成本。

➤ 个性化推荐。演化出的推荐系统为顾客推荐感兴趣的信息和商品，特别是帮助有选择困难症的顾客完成消费。

➤ 情感分析。在搜集顾客使用后的意见和评价时，自动分析评论关注点和评论观点，并输出评论观点标签及评论观点极性，帮助商家进行产品分析，辅助客户进行消费决策。

➤ 智能问答。24h 智能问答系统，不仅会回复客户某一问题，还会一次性回复相关问题的链接，使客户能享受到一次提问全面掌握信息的贴心服务。

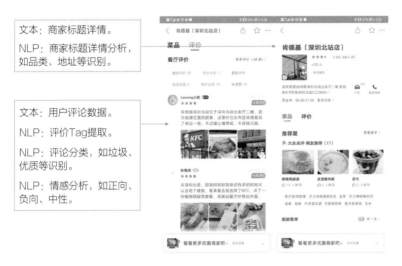

自然语言处理应用于大众点评的场景

不仅如此，在网络舆情监管方面，自然语言处理充分发挥情感分析和舆情分析能力，自动分析文本中的语气、情感和可信度，做出对舆情好坏的判断，帮助分析热点话题、敏感话题并及时进行危机舆情的监控。

（三）自然语言处理的发展趋势

未来自然语言处理将朝着两个互补式的方向发展，即大规模语言数据的分析处理能力和人机交互方式。

1. 大规模语言数据的分析处理能力

该能力指的是建立在自然语言处理的基础上对语言信息进行获取、分析、推理和整合的能力。以智能车载为例，在汽车的使用、运维保养过程中，会产生大量数据（车联网数据、车主特征数据，包括驾驶行为、周边环境、违章数据、运维保养记录、习惯偏好和属性特征等），其中很大一部分都以自然语言的方式存在。随着车联网向纵深方向发展，硬件基础功能免费，基于用户及行车数据的深度挖掘与增值服务将成为未来的主要赢利点。实现汽车后市场服务精准营销对接，关键要自动分析并理解这些语言数据。而用机器来从事这些事务，就比人工具有信息更全面、响应更快速的特点，从而能更好地服务于人工决策。除此以外，对于其他如制造、农业、能源、金融、医疗和零售等领域来说，自然语言处理将会是提升企业自身竞争力的重要技术支撑。

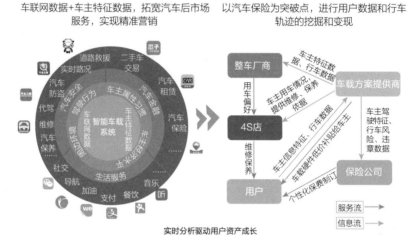

自然语言处理技术用于智能车载大数据处理

2. 人机交互方式

人机交互方式指的是将自然语言作为人与机器交互的自然接口和统一的交互方式。目前，在人工智能应用方面，通常都是先赋予产品某项功能，这种功能是由事先专门为机器设计的语言编写程序来实现的。不同的机器，通常要使用不同的开发语言或方式，这严重影响了人们对机器的开发与使用。因此，使用统一的交互方式，使用人类的自然语言，就成为一种极佳的选择。也只有通过采用自然语言处理，才能让机器具有理解人类语言的能力，从而实现建立在自然语言基础上的人机交互。适合人工智能开发的五种最佳编程语言的优缺点对比见表3-3。

表3-3 适合人工智能开发的五种最佳编程语言的优缺点对比

编程语言	简介	优点	缺点
python	Python，一种多范式编程语言，同时支持面向对象、过程式、函数式三种编程风格；支持神经网络和NLP解决方案的开发；提供了方便的函数库和简洁的语法结构	1. 有丰富多样的库和工具 2. 支持算法测试而无须实现它们 3. 跨平台开发容易移植 4. 与Java、C++等相比，Python语法更简洁、开发速度更快	1. 当与其他语言进行混合人工智能编程时，习惯了使用Python的开发者可能难以调整到整齐划一的语法 2. 与C++和Java不同，Python是解释型语言，在人工智能开发中，编译和执行速度会变慢 3. 不适合移动计算

（续）

编程语言	简介	优点	缺点
C++	C++，最快的计算机语言，非常适合对时间敏感的人工智能编程项目；它提供了更快的执行速度、更短的响应时间，适用于搜索引擎和计算机游戏的开发；允许广泛使用算法；支持由于继承和数据隐藏而在开发中重用程序；适用于机器学习和神经网络	1. 适合寻找复杂人工智能问题的解决方案 2. 丰富的库函数和编程工具集合 3. C++是一种多范式编程，支持面向对象的原则，因此可用于实现有组织的数据	1. 多任务处理性不太强，仅适用于实现特定系统或算法的核心或基础 2. C++遵循自下而上的方法，开发起来较为复杂
Java	Java，一种多范式语言，遵循面向对象的原则和一次写入、读、运行的原则（WORA）；可以在任何支持它的平台上运行，而无须重新编译；从C和C++中派生出它的大量语法；不仅适用于NLP和搜索算法，还适用于神经网络	1. 非常便携，由于虚拟机技术，它很容易在不同的平台上实现 2. 与C++不同，Java易于使用和调试 3. 有一个自动内存管理器，可以简化开发人员的工作	1. 比C++慢，它的执行速度更慢，响应时间更长 2. 虽然在高级平台上具有高度可移植性，但Java需要对软件和硬件进行大幅改动才能实现 3. 是一种不成熟的人工智能编程语言
LISP	LISP，一个计算机编程语言家族，是仅次于Fortran的早期编程语言，具有快速原型设计和实验的灵活性，在解决特定问题时效率更高，非常适用于归纳逻辑项目和机器学习	1. 编码快速高效，因为它由编译器而不是解释器支持 2. 自动内存管理器是为LISP发明的，因此它具有垃圾收集功能 3. 提供对系统的特定控制，从而最大限度地利用它们	1. 很少有开发人员熟悉LISP编程 2. 作为一种复古编程语言的人工智能，LISP需要配置新的软件和硬件
SWI Prolog	Prolog，也是早期编程语言之一，是一种基于规则和声明的语言；包含规定人工智能语言编码的事实和规则；具有开发人员喜欢使用的灵活框架的机制；支持基本机制，例如模式匹配，基于树的数据结构化以及人工智能编程必不可少的自动回溯。除了在人工智能项目中广泛使用外，Prolog还用于创建医疗系统	1. 有一个内置的列表处理代表基于树的数据结构 2. 高效地进行快速原型设计，以便人工智能程序频繁发布模块 3. 允许在运行程序的同时创建数据库	尚未完全标准化，因为某些功能在实现上有所不同，使得开发人员的工作变得烦琐

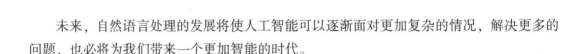

　　未来，自然语言处理的发展将使人工智能可以逐渐面对更加复杂的情况，解决更多的问题，也必将为我们带来一个更加智能的时代。

二、走近知识图谱

（一）什么是知识图谱

　　知识图谱是典型的多学科融合，通过将应用数学、图形学、信息科学等学科理论、方法与计量学、统计学等方法结合，并利用可视化的图谱将内容形象地展示出来的技术。其核心目标是把复杂的知识通过数据挖掘、信息处理、知识计量和图形绘制显示出来，揭示其动态发展规律。

　　知识图谱，本质上是一种揭示实体之间关系的语义网络。

　　一般而言，信息是指外部的客观事实，例如，这里有一瓶水，它现在是7℃；知识是对外部客观规律的归纳和总结，例如，水在0℃以下的时候会结冰。

　　"客观规律的归纳和总结"似乎有些难以实现。但有另一种经典的解读，很形象地区分了"信息"和"知识"。

扫码看视频

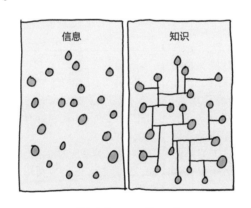

"信息"　和　"知识"

　　有了这样的参考，我们就很容易理解，在信息的基础上建立实体之间的联系，就能形成"知识"。换句话说，知识图谱是由一条条知识组成的，每条知识表示为一个SPO（Subject - Predicate - Object，主谓宾，用来表示事物的一种方法和形式）三元组，而这个三元组集合可以抽象为一张图。如小说《三体》（由刘慈欣创作的长篇科幻小说，荣获第73届雨果奖最佳长篇小说奖）第一部中的人物关系图谱，以某关键人物为核心，与其有关的人物和实体信息会不断关联并结构化地呈现出来，实现了数据图谱化。

　　知识图谱大多数采用自底向上的构建方式，即从大量信息中抽取出实体，选择其中可信度较高的加入知识库，再构建实体与实体之间的联系。

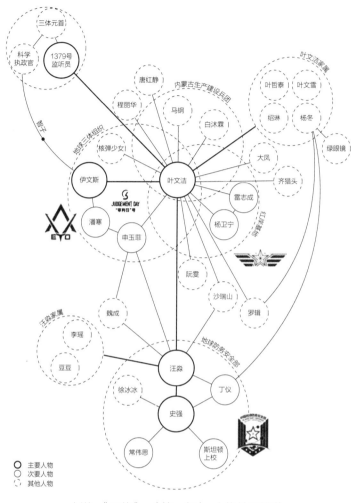

小说《三体》（第一部）人物关系图谱

（二）知识图谱的体系架构

知识图谱的体系架构是指其构建自身模式的结构，其构建共分为以下三个步骤：

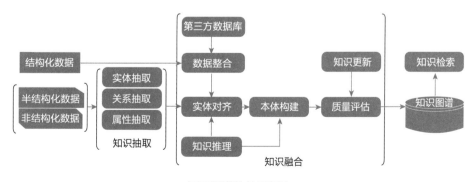

知识图谱的体系架构

（1）知识抽取 从一些公开的半结构化、非结构化的数据中，抽取出可用的知识单元。知识单元主要包括实体抽取、关系抽取、属性抽取三个知识要素。

（2）知识表示 把知识客体中的知识因子与知识关联起来，便于人们识别和理解知识，分为主观知识表示和客观知识表示两种。

（3）知识融合 是高层次的知识组织，使来自不同知识源的知识在同一框架规范下进行组织，实现数据、信息、经验以及人的思想的融合，形成高质量的知识库。

以当前主流在线视频网站及影视公司为例，表面上看相对独立的公司，背后却有着千丝万缕的联系（竞争、合作），已纳入 BAT（百度、阿里、腾讯）三大互联网巨头的麾下。当我们单一地看到一家公司的名字时，不具有名称以外的其他意义，仅是孤立存在的，而"爱奇艺被百度收购""阿里投资入股优酷土豆"，则是关于公司投资关系的陈述，属于信息的范畴。对于知识而言，则是在更高层面上的一种抽象和归纳，把公司的投资隶属关系、竞争关系、合作关系等属性和信息整合起来，就得到对该公司关系网络的全面认知。未来，随着更多信息的出现和抽取，人们对该公司的认知将更为全面，这就是知识更新，即扩展现有的知识，让知识图谱的内容与时俱进。

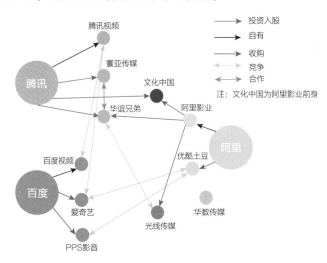

在线视频及影视公司关系知识图谱示例

（三）知识图谱的应用

知识图谱为互联网上海量、动态大数据的再组织、再利用提供了一种更为有效的方式，使得网络的智能化水平更高，更加接近于人类的认知思维。

不管是智能搜索、社交网络，还是网上购物、新闻查询，知识图谱已经在我们的生活和垂直行业应用中发挥着日益重要的作用。

从技术上来说，知识图谱的发展取决于自然语言处理的不断进步，因为人们需要机器能够理解海量的文字信息。例如，搜索领域能做得越来越好，是因为有成千上万的用户，

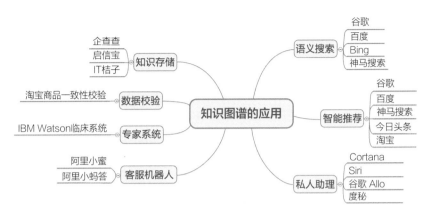

知识图谱应用方向与代表企业

用户在查询的过程中，实际也在优化搜索结果。知识图谱也是同样的道理，只有将更多用户的行为应用在知识图谱的更新上，才能走得更远。

知识图谱不是人工智能的最终答案，但知识图谱这种综合各项计算机技术的应用方向，一定是人工智能未来的形式之一。

三、数据智能推动人机协同

（一）大数据的新篇章——数据智能

数据智能的目标是让数据驱动决策，让机器具备推理等认知能力。只有业务数据化进程完成，才能真正进入到业务智能化，依靠数据去改变业务、指导决策。

大数据行业发展阶段及趋势

从 2013 年至今，大数据行业经历了四个发展阶段，代表了企业对大数据的认知和需求。

- 2013 年，有企业已经开始认知到数据价值，金融、电信、公安等行业开始建设大数据平台，收集并存储企业业务产生的数据。
- 2015 年，大数据进入到监测阶段，通过数据大屏、领导看板等形式，实现对业务的监测，这是大数据率先成熟的应用方向，也是大数据能够直接反映价值的方式。
- 2017 年，随着大数据平台建设基本完善，大数据开始与业务场景广泛结合，例如，金融领域的精准营销和风控反欺诈，工业领域的故障预测、预警等。因此，出现了大量数据挖掘、数据建模的需求。此时，基于企业对业务场景的洞察，单纯的数理统计已不足以满足用户需求，开始推出 AI 建模平台，帮助企业落地大数据应用。

- 2019 年，大数据从业务洞察开始进入业务决策阶段。这意味着，由机器形成数据报表或者数据报告，再由业务人员进行决策，变成机器具备推理能力，直接给出决策建议。例如，在外卖、出行场景，美团和滴滴的系统直接形成最佳调度方式，系统自动完成决策环节，将任务下发给骑手和驾驶人。这种消费互联网相对常见的场景，将在产业互联网、企业业务场景中出现。

未来，随着技术更加成熟，很多执行环节可以由机器来实现，但仍然有大量环节需要人参与其中，因此，人机协同会迎来迅猛发展。

让机器具备推理能力，意味着自然语言处理、知识图谱等认知技术需要更加成熟。而数据驱动决策、数据驱动业务发展的新需求，标志着智能数据时代的兴起。

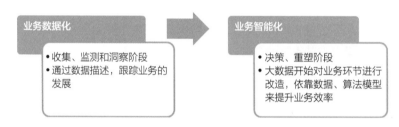

不同阶段大数据与业务的关系

（二）数据智能的分类及数据中台的价值

数据智能核心包括两个细分领域，即中台和应用场景。其中，中台包含技术中台、数据中台和业务中台；应用场景则按照不同行业进行划分。

数据中台涵盖了从数据采集、数据处理、数据存储到数据分析等环节的所有工具及平台，包括基础平台、用户行为分析、数据报表可视化、数据科学平台、自然语言处理和知识图谱等诸多知识体系。

数据中台的价值是将数据资产化，以打通不同体系下的数据，为下一步数据应用打好基础。数据中台有以下三种应用方式。

- 数据集：主要是数据标签、用户画像等。
- 数据模型：融合数据和算法，如销量预测、风控建模等。
- 数据应用：将数据能力和软件能力封装，形成最终数据产品。

业务中台是指基于数据和技术，结合行业应用场景，从行业应用切入，在大量服务垂直行业客户，掌握大量场景需求后，逐步形成业务中台能力。

未来是竞争激烈的智能数据时代，谁能更高效地利用数据，谁才能品尝胜利的果实。认知智能的突破，一定不是由单个技术所完成，而是需要结合多种技术持续完善和发展。

四、大语言模型从量变到质变

（一）什么是大语言模型

大语言模型（Large Language Model，LLM）是一种人工智能模型，通常基于深度学习架构，旨在理解和生成人类语言。大语言模型在大量文本数据上进行训练，可执行广泛的任务，包括文本总结、翻译、情感分析等。其特点是规模庞大，包含数十亿的参数，能帮助机器学习文本数据中的复杂模式，有助于在各种自然语言处理任务上取得优异的表现。ChatGPT 的爆红出圈吸引了更多人对于大语言模型的发展趋势和现实应用的关注。

1. 常见的大语言模型

- GPT-3（OpenAI）：GPT-3（Generative Pre-trained Transformer 3）是最著名的大语言模型之一，拥有 1750 亿个参数。该模型在文本生成、翻译和其他任务中表现出显著的性能，在全球范围内引起了热烈的反响，目前 OpenAI 已迭代到 GPT-4 版本。

- BERT（谷歌）：BERT（Bidirectional Encoder Representations from Transformers）是另一个流行的大语言模型，对自然语言处理研究产生了重大影响。该模型使用双向方法从一个词的左右两边捕捉上下文，提升了各种任务的性能，如情感分析和命名实体识别。

- T5（谷歌）：文本到文本转换器（T5）是一个大语言模型。该模型将所有的自然语言处理任务限定为文本到文本问题，简化了模型适应不同任务的过程。T5 在总结、翻译和问题回答等任务中表现出强大的性能。

- ERNIE 3.0 文心大模型（百度）：百度推出的大语言模型 ERNIE 3.0 首次在百亿级和千亿级预训练模型中引入大规模知识图谱，提出了海量无监督文本与大规模知识图谱的平行预训练方法。

2. 大语言模型的快速发展

从人工智能的发展历程来看，模型和算法是其不断成长的核心驱动力。10 年前语言模型是自然语言处理的某个细分方向，并不为大众所熟知，而 ChatGPT 的广泛应用则让更多人体会到大语言模型的快速发展。

| 2015年，埃隆·马斯克（Elon Musk）、山姆·阿尔特曼（Sam Altman）、彼得·泰尔（Peter Thiel）等投资10亿美元，创立OpenAI | 2017年，谷歌大脑推出生成式预训练Transformer模型 | 2018—2020年，OpenAI依次推出GPT-1、GPT-2、GPT-3等自然语言处理模型 | 2022年11月30日，OpenAI推出在GPT-3.5模型基础上微调后得到的ChatGPT模型 | 2023年2月7日，微软推出由ChatGPT支持的人工智能搜索引擎Bing和Edge浏览器 |

ChatGPT 发展历程

2018 年第一代 GPT 并没有引起广泛关注。但到了 2020 年 5 月，GPT-3 一经推出，情况就发生了非常大的变化，GPT-3 的参数值从 GPT-2 的 170 亿跃升到 1750 亿，参数数量级是 GPT-2 的 10 倍以上，性能也有大幅提升，从而引起全球广泛关注。

大语言模型经过大量的学习，实现了从量变到质变的飞跃，即当数据量超过某个临界点时，模型实现显著的性能提升，并出现了小模型中不存在的能力，如上下文学习能力等。因此，当我们应用 GPT-3 及 GPT-4 对话时，越来越被其强大的互动能力和解决问题的能力所震惊，越来越感觉不到在和一个机器对话。这就是大语言模型快速发展所带来的质变。

（二）走近 ChatGPT

ChatGPT 是一个由 OpenAI 开发的大语言模型，它使用的是自然语言处理和深度学习技术，可以理解语言内容和语境，能够基于在预训练阶段所见的模式和统计规律来生成回答，还能根据聊天的上下文进行互动，真正像人类一样聊天交流，另外还能完成撰写邮件、视频脚本、文案、翻译、代码、论文等任务。

GPT 的全称是 Generative Pre-trained Transformer，从名称可以看出，它是一种生成模型，擅长生成输出；它是预训练的，这意味着它已经从大量文本数据中学习到了知识，是 Transformer 的一种类型。因此，在了解 GPT 的原理之前，首先要认识 Transformer。

1. Transformer 架构

Transformer 架构是 GPT 的基础。它是一种神经网络，类似于人脑中的神经元。Transformer 能够通过注意力机制和自注意力机制更好地理解文本、语音或音乐等顺序数据的上下文。

注意力机制允许模型通过学习元素之间的相关性或相似性（通常由数字向量表示）来关注输入和输出中最相关的部分。如果它关注的是同一序列，则称为自注意力。

举个例子，"小王喜欢吃梨。他每天都吃它们。"在这个句子中，"他"指的是"小王"，"它们"指的是"梨"。通过计算单词向量之间的相似性评分，注意力机制使用数学算法告诉模型这些单词是相关的。通过这个机制，Transformer 可以更好地以一种更连贯的方式"理解"文本序列中的意义。

Transformer 组成见表 3-4。

表 3-4 Transformer 组成

组件	功能
嵌入（Embedding） 位置编码（Positional Encoding）	将单词和它们的位置转换为数字向量
编码器（Encoder）	从输入序列提取特征并分析其含义和上下文。它为每个输入标记输出一个隐藏状态的矩阵，以传递给解码器
解码器（Decoder）	根据编码器和先前的输入标记生成输出序列
线性层和 Softmax 层	将数字向量转换为输出单词的概率分布

编码器和解码器是 Transformer 架构的主要组件，编码器负责分析和"理解"输入内容，而解码器负责生成输出内容。

2. 从 Transformer 到 GPT、GPT-2、GPT-3、GPT-4

作为一种生成模型，GPT 使用了 Transformer 架构中的解码器部分，而解码器负责预测序列中的下一个词。GPT 通过使用先前生成的结果作为输入，反复执行此过程以生成较长的文本，即自回归。

在训练第一个版本的 GPT 时，研究人员使用了数据库的无监督预训练，数据库中包含超过 7000 本未经出版的书籍。无监督学习就是让人工智能自己阅读这些书籍，并尝试学习语言和单词的一般规则。

在预训练的基础上，针对特定任务使用有监督的微调，如摘要或问答。有监督学习会向人工智能展示请求和正确答案的示例，并要求人工智能从这些示例中学习。

在 GPT-2 中，研究人员扩大了模型（15 亿个参数）和给模型提供的语料库的规模，在无监督预训练中使用 Web Text，这是数百万个网页的集合。有了这样一个庞大的语料库进行学习，即使在没有受过有监督微调的情况下，GPT-2 也可以在各种与语言相关的任务上有出色的表现。

在 GPT-3 中，模型进一步扩展，规模达到 1750 亿个参数，并使用了来自网络、书籍和维基百科的数百亿个单词构成的庞大语料库。有了如此庞大的模型和大量的预训练数据，GPT-3 可以在提示中使用一个或少量示例进行学习完成任务，而不需要有监督微调模型。

经过多次迭代，从 GPT 到 GPT-2、GPT-3、GPT-4，随着模型和语料库规模的扩大，ChatGPT 背后的模型不断演化，使得交互更具吸引力。

（三）大语言模型的训练方式

训练大语言模型需要向其提供大量的文本数据，模型利用这些数据来学习人类语言的结构、语法和语义。该过程通常使用自我监督学习的技术实现无监督学习。在自我监督学习过程中，模型通过预测序列中的下一个词或标记，为输入的数据生成自己的标签，并给出之前的词。

训练过程包括两个主要步骤：预训练（Pre-training）和微调（Fine-tuning）：

- 在预训练阶段，模型从一个巨大的、多样化的数据集中学习，通常包含来自不同来源的数十亿词汇，如网站、书籍、文章等。这个阶段允许模型学习一般的语言模式和表征。
- 在微调阶段，模型在与目标任务或领域相关的更具体、更小的数据集上进一步训练。这有助于模型微调其理解，并适应任务的特殊要求。

通过训练，大语言模型涌现的能力如下：

1）上下文学习。以 GPT-3 为例，其正式引入了上下文学习能力。假设语言模型已提供自然语言指令和多个任务描述，它可以通过完成输入文本的词序列来生成测试实例的预期输出，而不需要额外的训练或梯度更新。

2）指令遵循。通过对自然语言描述（即指令）格式化的多任务数据集的混合进行微调，大语言模型在微小的任务上表现良好，这些任务也以指令的形式所描述。这种能力下，指令调优使大语言模型能够快速理解任务指令来执行新任务，大大提高了泛化能力。

3）循序渐进的推理。小语言模型通常很难解决涉及多个推理步骤的复杂任务，而大语言模型可以通过思维链推理策略，利用涉及中间推理步骤的 Prompt 机制来解决此类任务并得出最终答案。

（四）认知多模态 AI 的创新应用

人类在信息获取、环境感知、知识学习与表达等方面都是采用多模态的输入、输出方式。例如，如果一个人要在一片草坪上找到一朵盛开的花朵，既可以用眼睛看，也可以用鼻子闻，还可以用手触摸。这种多模态的输入、输出方式也是人类智慧的重要体现之一。

而传统的深度学习算法则专注于从单一的数据源训练模型，例如计算机视觉（CV）模型是在图像上训练，自然语言处理模型是在文本内容上训练，语音处理则涉及声学模型的创建、唤醒词检测和噪声消除。而多模态 AI 则将视觉、语言、听觉等多种信息进行融合，其优势在于它能够超越单模态数据的限制，并提供对复杂情况更全面的理解，为计算机提供更接近于人类感知的场景。

举个例子，一辆只有摄像头系统的自动驾驶汽车很难在弱光下识别行人，如果加上激光雷达、雷达和 GPS 就可以完美解决这一问题，它们可以为车辆提供更全面的周围环境图像，从而使驾驶更安全可靠。为了更透彻地理解复杂事件，融合多种感官至关重要，多模态 AI 的应用将大有可为。

目前多模态 AI 的创新应用主要体现在以下几方面：

- 文本生成图片，文本生成视频。
- 跨模态的知识挖掘，如医药领域的应用。
- 跨多模态语义的知识检索与数据提取。
- 多模态广告、网页、小程序的自动生成。
- 各类虚拟角色，如电商导购、虚拟讲师等。
- 人工智能表情或肢体语言，人工智能虚拟情感人。
- 增强多模态感知和决策能力的机器人技术、自动驾驶技术。
- 虚拟现实和混合现实中的自动内容创建等。

身处人工智能的新时代，我们不仅要拥抱变化，也要直视挑战。大模型训练与优化是人工智能走向通用人工智能的关键。相信在不久的未来，人工智能将在更多领域大放异彩。

 ## 课后延展

每一次工业革命，给人类带来的影响，都需要 50 年的时间，整整一代人去消化，很多人，不，绝大多数人，都会被甩出历史前进的洪流，定格在社会最底层。所以，跨越大数据时代的 2%，很可能真的不是危言耸听。

——《智能时代》作者吴军

自然语言处理是研究人机之间用自然语言通信的理论和方法，是人工智能领域的一个重要分支，有着非常广泛的应用空间。

——《文本上的算法——深入浅出自然语言处理》作者路彦雄

当社会大数据、计算能力和计算框架三方面发展到一定阶段，融合产生了大数据智能。相信随着更大规模数据、更强计算能力和更合理计算框架的推出，人工智能也会不断向前发展。

——《大数据智能：数据驱动的自然语言处理技术》作者刘知远、崔安顺等

 ## 自我测试

1. 分组讨论，通过学习自然语言处理和知识图谱的定义和应用方向，结合自己的生活或所学专业，挑选一个场景或应用案例深入分析其背后的原理。

2. 想一想："有多少智能就有多少人工"，数据智能的决策、知识图谱的构建都需要人不断对人工智能数据集进行训练，例如新闻网站、购物网站，未来人们如何结合自己的专业做好数据集的训练？

项目四

探索人工智能的行业应用

　　技术的本质是赋能生产力的提升。当人工智能从科研走向行业应用，从"神秘化"到"润物细无声"地走进我们的工作、生活，其不仅在基础层、技术层不断突破，更重要的是进入了场景驱动阶段。

　　当人工智能深入落地到各个行业中去解决不同场景的问题，行业实践应用也反过来持续优化人工智能的算法，丰富人工智能的数据集。目前，人工智能在制造、物流、金融、零售、交通、安防和医疗等行业已有广泛应用。

　　随着 AI + 传统产业应用的不断升级，未来对人才培养的倒逼、企业岗位的变化以及职业能力的要求将出现巨大改变。在本项目中，重点选取制造、物流、新媒体、医疗健康、环保与垃圾分类五个方向，剖析人工智能在这些场景下的落地应用和未来发展趋势，同时，通过一系列实训项目的设置，旨在加深理解、启发思考、创新实践。让学生结合自己的专业，了解人工智能在行业应用层面的紧迫性，深度理解未来人工智能训练师的广泛需求。

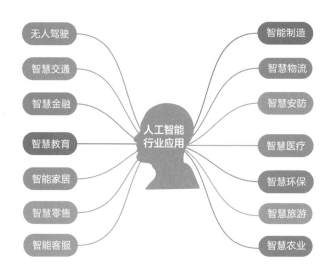

| 任务一 |
智能制造 —— 走进"无人工厂"时代

【教学目标】

1. 掌握智能制造的内涵、技术组成及应用场景
2. 了解灯塔工厂的典型代表及成效
3. 了解智能制造基本的产业岗位要求和智能制造工程技术人员的定义
4. 掌握图像分类算法模型创建、训练、校验和发布的原理及流程
5. 掌握本任务实训项目所用到的代码积木的功能、使用方法、编程逻辑及语法

【教学要求】

1. 知识点

智能制造　灯塔工厂　机器视觉识别

2. 技能点

掌握"机器视觉缺陷检测"实训操作。

3. 重难点

通过学习本任务知识点并完成"机器视觉缺陷检测"实训项目，切实感受人工智能技术给制造行业带来的技术革新，从而思考人工智能技术与自身所学专业的结合，为将来在专业领域应用人工智能技术做铺垫。

【专业英文词汇】

Intelligent Manufacturing：智能制造

Man-Machine Integration：人机一体化

Sorting Objects：物体分拣

Virtual Manufacturing Technology：虚拟制造技术

Visual Inspection：视觉检测

Machine Vision Recognition：机器视觉识别

Modeling：建模

The Lighthouse Factory：灯塔工厂

Visual Positioning：视觉定位

任务导入

你想象过如此"炫酷"的工厂吗？

车间的灯全部关闭，没有一个工人，把生产线完全交给机器。从原材料到最终成品，所有的下料、加工、清洗、运输和检测过程均在这样空无一人的"黑灯"厂房内自动完成。

是不是很不可思议？为什么能够这样？因为这是智能制造打造的"黑灯工厂"，也被称为"无人工厂"。人工智能就在其中挥舞着重要的"魔法棒"。未来，人类是"魔法棒"的主人，还是被"魔法棒""变走"的人？

扫码看视频

无人工厂

在本任务中，我们就来认识智能制造究竟"智能"在哪里，人工智能在其中施展了什么"魔法"，智能制造带来的"神秘"岗位有哪些。通过完成"机器视觉缺陷检测"实训项目，让大家更好地理解机器视觉识别等技术的应用，结合未来的工作场景进行思考及延伸。

内容概览

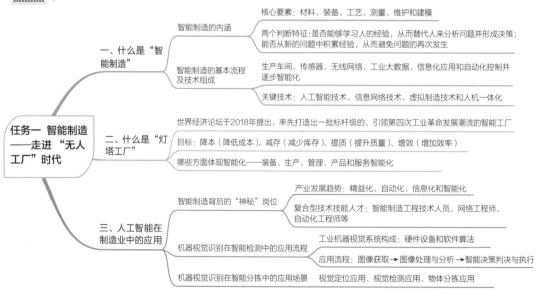

相关知识

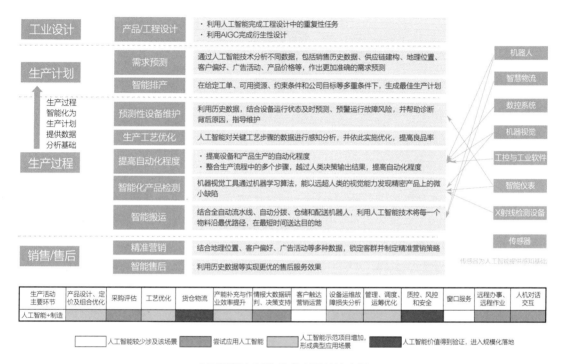

人工智能在制造业多个环节的应用

一、什么是"智能制造"

（一）智能制造的内涵

现在不管是提到德国工业4.0、美国工业互联网、日本精益制造，还是"中国制造2025"，大家都会看到一系列的技术名词，例如机器换人、智慧工厂、大数据和工业互联网等。事实上，智能制造并不仅仅是一个技术体系，更重要的是对智能的理解，对制造系统核心要素的理解和重新定义。

什么是制造系统的核心要素？它包括材料、装备、工艺、测量和维护五个要素，过去的三次工业革命都围绕着这五个要素进行技术升级。然而，无论是设备的改进、自动化水平的提升，还是生产效率的进步等，这些活动都离不开人的经验，人依然是驾驭这五个要素的核心。而智能制造区别于传统制造最重要的要素在于第六个，即建模，并通过该要素来驱动其他五个要素。因此，一个制造系统是否能够被称为智能，主要看其是否具备以下两个特征：

智能制造六大核心要素

- 是否能够学习人的经验，从而替代人来分析问题并形成决策。
- 能否从新的问题中积累经验，从而避免问题的再次发生。

不难看出，无论是机器人、物联网，或是互联网＋，解决的只是使前面五个要素更加高效和自动化的问题，并没有解决智能化的核心问题。

因此，智能制造系统的运行逻辑如下图所示。

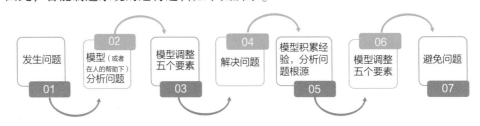

智能制造系统的运行逻辑

这样，一个智能化的制造系统就能在一次次的经验、知识的积累及校正中，不断优化训练，改进提升，逐步实现智能的目标。而智能制造的内涵则是使制造系统在这样一个循环中变得更加智能。

（二）智能制造的基本流程及技术组成

智能制造是一个逐步优化提升的过程，推动其进步的基础技术来自人工智能、云计算、工业物联网及5G等各个领域。随着社会需求的不断提高和基础技术的持续发展，智能制造的各项技术也将得到进一步突破和发展。

具体到一个智能制造工厂，生产车间的各装备、各流程通过传感器获取数据，经过高效的无线网络实现数据的及时传输，并沉淀整个生产制造过程的工业大数据，接着再通过产品生命周期管理（Product Lifecycle Management，PLM）、制造执行系统（Manufacturing Execution System，MES）等多种工业信息化管理软件进行数据的集成分析及指令下达，最后通过自动化控制实现设备、过程的逐步智能化。这样一个循环就是智能制造的整个系统和流程。

智能制造系统

智能制造生产流程

在整个智能制造的系统和流程中，每个环节都涉及了大量细分技术及具体应用。下面重点讲述以下四项技术。

1. 人工智能技术

人工智能在制造领域的目标是计算机模拟制造业人类专家的智能活动，从而取代或延伸人的部分脑力劳动。其应用主要有以下三个方面：

（1）智能装备　包括自动识别设备、人机交互系统、工业机器人以及数控机床等具体装备。

（2）智能工厂　包括智能设计、智能生产、智能管理以及集成优化等具体内容。

（3）智能服务　包括大规模个性化定制、远程运维以及预测性维护等具体服务模式。

虽然目前人工智能的解决方案尚不能完全满足制造业的要求，但作为一项通用性技术，人工智能与制造业的融合是大势所趋。

2. 信息网络技术

信息网络技术是制造过程中各个环节的智能集成，信息网络同时也是制造信息及知识流动的通道。随着5G时代的来临，对开启万物互联、人机深度交互提供了重要的技术支撑。

3.虚拟制造技术

通过虚拟制造技术可以在产品设计阶段就模拟出该产品的整个生命周期，从而更有效、更经济、更灵活地组织生产，实现了产品开发周期最短、成本最低、质量最优、生产效率最高的目标。

4.人机一体化

智能制造系统是人机一体化智能系统，是一种混合智能。一方面突出人在制造系统中的核心地位，另一方面在智能机器的配合下，更好地发挥人的潜能，使得人机在不同的层次上各显其能，相辅相成。

二、什么是"灯塔工厂"

2018年9月世界经济论坛公布了世界上第一批先进的"灯塔工厂"名单，共九家，它们代表了全球先进的智能制造企业。其中五家位于欧洲，一家位于北美，三家位于中国。

"灯塔工厂"是指率先大规模地运用先进的技术与创新管理方式，打造出的一批标杆级的、引领第四次工业革命发展潮流的智能工厂。尽管每个企业根据自身需求，使智能工厂所实现的目标和所采用的技术各有侧重，但是总体而言，不管是采用人工智能进行预测性维护，通过自动化生产线、协作机器人提升效率，还是通过智慧物流降低成本等，最终一个优秀的智能制造企业在目标上是一致的，即降本（降低成本）、减存（减少库存）、提质（提升质量）、增效（增加效率）。

下面以我国入选的企业——富士康深圳工厂为例，分析其在智能制造领域取得的标志性进步和成果。

灯塔工厂

（一）成效如何

富士康深圳工厂的富士康工业互联网项目导入 108 台自动化设备，全部实现联网。过程中 SMT（表面贴装技术）导入设备 9 台，节省人力 50 人，节省比例为 96%；Assy（装配）导入设备 21 台，节省人力 74 人，节省比例为 79%；Test（测试）导入设备 78 台，节省人力 156 人，节省比例为 88%。整体项目完成后，节省人力 280 人，节省比例为 92%，效益提升 2.5 倍。

富士康深圳工厂成效

（二）世界经济论坛如何评价

世界经济论坛对富士康深圳工厂给予了较高的评价，认为其在专门生产智能手机等电气设备组件的工厂中采用全自动化制造流程，配备机器学习和人工智能型设备自动优化系统、智能自我维护系统和智能生产实时状态监控系统，真正实现"熄灯工厂"，在注重优先利用第四次工业革命技术的前提下，令生产效率提升 30%，库存周期降低 15%，是智能制造的表率。

（三）人工智能如何应用

富士康深圳工厂已基本做到熄灯状态下的无人自主作业，全部生产活动由计算机控制，生产一线配有机器人而无须配备工人。自主研发的"雾小脑"将大量设备连接至边缘计算及云端，应用到数控加工、机器人、组装测试、表面贴装、环境数据采集等场景，覆盖全行业数据采集。而机器人＋传感器的模式，则开发出工业人工智能的自感知、自诊断、自修复、自优化和自适应功能，提高产品优良率的同时降低成本浪费。

这就是"云、物、大、智"新技术在制造业的典型应用过程，即通过物联网获取数据；云计算为海量工业数据提供强大的承载能力；大数据对海量数据进行挖掘和分析，实现从工业大数据到信息的转换；人工智能对工业大数据进行学习，并不断修复改进，从而推动制造业企业降本、减存、提质、增效，实现装备、生产、管理智能化，最终实现产品和服务智能化。

人工智能在制造业的应用目标

三、人工智能在制造业中的应用

（一）智能制造背后的"神秘"岗位

初步了解了世界领先的"灯塔工厂"后，一方面人们难免对现在、对未来制造业企业的发展觉得变化太快、不可思议，另一方面则是对可能发生的岗位变化深感彷徨。自己会被替代吗？哪些岗位可能被替代？人和机器如何协同？未来智能制造会产生什么样的新职业？

智能制造未来工作场景

智能制造是一个庞大的体系，企业的岗位设置随着制造业企业的智能化逐步提升，一些传统岗位正在发生着变化，甚至消失。而数字化建模、精益专员、逆向造型、3D 打印、精密测量与检验岗位等越来越重要。这些岗位对复合型人才有着巨大需求，传统岗位面临着数字化改造和信息技术能力的提升。

目前，传统制造业正朝着精益化、自动化、信息化和智能化方向迈进，真正打造智能制造产业，亟须懂得行业新技术、新工艺、新规范和新流程的智能制造工程技术人员、网络工程师、自动化工程师等各类各层次的复合型技术技能人才。

以智能制造工程技术人员为例，其岗位要求是什么？需要掌握什么样的技术技能？未来能够从事哪些岗位，承担什么工作？

首先，智能制造工程技术人员是指从事智能制造相关技术的研究、开发，对智能制造装备、生产线进行设计、安装、调试、管控和应用的工程技术人员。

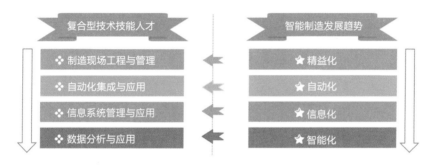

智能制造亟须复合型技术技能人才

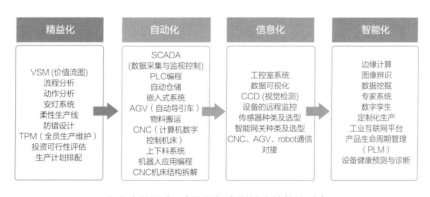

产业岗位要求 （亟须复合型技术技能人才）

其主要知识及能力要求如下（根据不同职业方向）：

- 智能制造共性技术运用。
- 智能装备与产线开发。
- 智能装备与产线应用。
- 智能生产管控。
- 装备与产线智能运维。

- 智能制造系统架构构建。
- 智能制造咨询与服务。

据不完全统计，到2025年，制造业十大重点领域人才缺口将近3000万。这不仅是总量的缺口，更是结构性的缺口。制造业在走向智能，而每一个期望不被淘汰的人则需要快速提升，成为能使用智能、驾驭智能的现代人。

（二）机器视觉识别在智能检测中的应用流程

随着人工智能技术的提升，人工智能和制造系统的结合将是必然。其中，设计、操作、应用智能检测系统是对一名智能制造工程技术人员的要求之一。下面以机器视觉识别为例，概要地呈现人工智能技术在制造业企业的部分应用场景，使读者进一步理解深度学习、图像识别算法模型等。

如果说工业机器人是人类手的延伸，交通工具是人类腿的延伸，那么机器视觉就相当于人类眼睛的延伸。

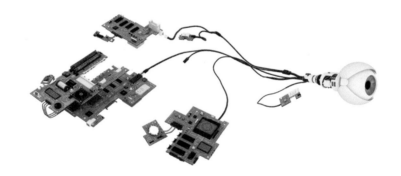

机器视觉系统主要硬件构成

机器视觉系统主要用于完成定位、识别、检测和测量等任务，可以让机器代替人眼做测量和判断，让机器替人去完成复杂、枯燥的工作。机器视觉识别提高了生产的自动化程度，让不适合人工作业的危险工作环境变成了可能，让大批量、持续生产变成了现实，大大提高了生产效率和产品精度。目前，机器视觉在半导体及3C电子制造、汽车制造、包装等行业已有广泛应用。那么，机器视觉是什么，由什么构成呢？

机器视觉是指利用相机、摄像机等传感器，配合机器视觉算法赋予智能设备类似人眼的功能，从而对物体进行识别、检测、测量等。机器视觉可以进一步分为工业机器视觉、计算机机器视觉两类。

工业机器视觉系统的构架主要分为硬件设备和软件算法两部分。硬件设备主要包括光源系统、镜头、工业相机、图像采集卡和视觉处理器；软件算法主要包括传统的数字图像处理算法和基于深度学习的图像处理算法。

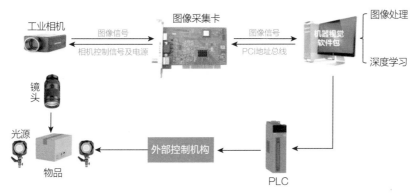

机器视觉系统的组成

机器视觉系统的应用流程是如何实现的？

首先是将被摄取目标转换成图像信号，传送给专用的图像处理系统；然后根据像素分布、亮度、颜色等信息，转变成数字化信号；最后图像系统对这些信号进行各种运算来抽取目标的特征，进而根据判别结果来控制现场的设备动作。

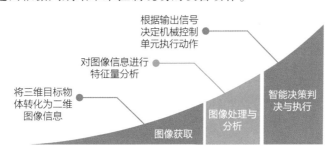

机器视觉系统的完整工作流程

（三）机器视觉识别在智能分拣中的应用场景

随着机器视觉识别技术的成熟与发展，其应用范围愈加广泛，下面将以智能分拣为例简要说明其工作流程，并依托人工智能实训平台完成实训任务。

1. 视觉定位应用

视觉定位要求机器视觉识别系统能够快速、准确地找到被测零件并确认其位置。例如，在半导体封装领域，设备需要根据机器视觉取得的芯片位置信息调整拾取头，准确拾取芯片并进行绑定，这也是视觉定位在机器视觉工业领域最基本的应用。

2. 视觉检测应用

机器视觉检测被广泛应用于自动化生产线系统，主要帮助企业实现零缺陷的质量目标，利用机器代替人眼进行各种测量和判断。其工作原理为实时动态地拍摄物体的图像，对其进行检测并转化为数据供系统处理和分析，确保符合其设定的质量标准，不符合质量标准的对象会被跟踪和剔除。

视觉检测过程

3. 物体分拣应用

物体分拣应用是在识别、检测之后的一个环节，通过机器视觉系统对图像进行处理，根据输出信号决定机械控制单元，实现分拣。在机器视觉工业应用中常用于物料分拣、零件表面瑕疵自动分拣等。

智能分拣机器人

 实训任务

实训项目　机器视觉缺陷检测

任务描述	基于前面对智能制造行业现状需求以及人工智能技术在智能制造行业应用场景的学习和了解，依托艾智讯平台实训演练模块，进行硬件组装、硬件联调、数据采集、模型训练、编程运行等一系列实训过程，可完成基于机器视觉缺陷检测场景模拟。将样品置于工作台架上，摄像头调用算法模型识别样品的缺陷情况，通过可视化编程积木调用缺陷检测模型积木，实现生产企业质量检测及保障
任务目标	通过"机器视觉缺陷检测"实训项目实践主要达到以下目的： ➢ 深入了解机器视觉缺陷检测应用场景的设计与实现 ➢ 能够针对缺陷裂缝检测算法模型需求，完成数据采集、数据标注、模型训练等 ➢ 清楚 AI 模方或摄像头等硬件的结构与原理，以及硬件设备的使用与调试 ➢ 能够创建一个人工智能实训项目，并完成软硬件环境的联调 ➢ 掌握基本的编程逻辑、语法，通过图形化编程实现实训项目预设目标 ➢ 能够在智能制造行业实际场景中，应用人工智能思维发现问题、解决问题

（续）

操作截图	操作步骤
1. 缺陷检测模型相关的数据集处理及模型训练	
	裂缝检测算法模型相关数据集的创建、收集、标注 清楚裂缝检测算法模型相关数据集的收集要求、途径以及标注操作
	裂缝检测算法模型创建、训练、校验、发布 清楚裂缝检测算法模型创建、训练、校验、发布的流程与操作，理解机器学习的概念、原理及应用
2. AI 模方、摄像头、艾智讯平台、缺陷样本软硬件场景搭建及调试测试	
	将摄像头与固定底座进行组装，将摄像头与摄像头支架进行组装，调整摄像头的位置

左栏（竖排）：任务实施

（续）

操作截图	操作步骤
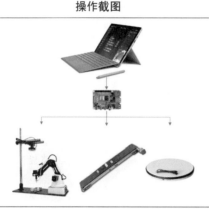	将 AI 模方与计算机连接，将摄像头、传送带、电动转盘与 AI 模方连接，调整传送带、电动转盘、样品的位置 　　了解相关硬件的结构与原理，理解控制中心、传输网络、感应器、执行器组成体系的运行机制

3. 创建一个机器视觉缺陷检测实训项目，并进行相关硬件与实训平台的联动及调试

	通过艾智讯平台的实训演练模块，进入"机器视觉缺陷检测实训项目"简介页，单击"开始实训"按钮，进入硬件实训室

	将 AI 模方、摄像头、传送带、电动转盘相关硬件积木拖动至"编辑区"进行运行调试 　　学会使用实训平台的代码积木，进行图形化编程、运行、调试，理解所用到的智能硬件积木的含义及使用方法

4. 根据机器视觉缺陷检测过程、原理，完成图形化编程、模型调用

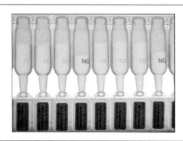	调整相关硬件位置，模拟智能制造工业过程中的机器视觉缺陷检测场景 　　了解工业检测场景现状、需求以及人工智能在工业检测中的应用优化方案，理解机器视觉缺陷检测过程、原理

任务实施

（续）

操作截图	操作步骤
任务实施	将代码积木从"积木选择区"拖拽到"编辑区"进行拼接，然后修改基本代码参数，并运行、调试，实现实训项目预设目标 　理解所用到的通用模块积木、智能硬件积木、算法模型积木的含义及使用方法，掌握基本的编程逻辑、语法

课后延展

　　数据本身不会说话，也并不会直接创造价值，真正为企业带来价值的是数据分析之后产生的信息的意义和行动的价值，是数据经过实时分析后及时地流向决策链的各个环节，或是成为面向客户创造价值服务的内容和依据。

——《从大数据到智能制造》作者李杰、倪军、王安正

　　制造企业依靠科技对产品研发、生产进行升级，科技公司则依托人工智能，更广泛地涉及生产环节。未来，也许传统企业、科技企业这样的名词会彻底消失，取而代之的是"智能制造企业"。

——《人工智能：智能颠覆时代，你准备好了吗》作者 917 众筹

　　智能制造系统是一种由智能机器和人类专家共同组成的人机一体化智能系统，它在制造过程中能进行智能活动，诸如分析、推理、判断、构思和决策等。通过人与智能机器的合作共事，去扩大、延伸和部分地取代人类专家在制造过程中的脑力劳动。

——《人工智能：改变未来的颠覆性技术》作者周志敏、纪爱华

自我测试

　　1. 通过"机器视觉缺陷检测"实训项目，我们切实感受到硬件自动化和机器视觉识别给生产带来的智能。请深入思考机器视觉识别在各生产环节的具体应用及呈现形式，在这些环节引入的原因，以及准备解决的问题。

　　2. 结合自己所学的专业，查阅资料并分析未来可能出现的智能制造岗位及新职业要求，思考与现在的能力要求有什么差别，在哪些方面需要持续学习提升。

| 任务二 |
从岁月飞向未来 —— 别了，快递员

【教学目标】

1. 了解智慧物流的概念和应用技术
2. 了解人工智能技术在无人仓储、"最后一公里"配送的应用场景
3. 掌握 AGV 的构成、原理及工作流程
4. 掌握"倒车雷达"实训项目算法模型创建、训练、校验和发布的原理及流程
5. 掌握本任务实训项目所用到的代码积木的功能、使用方法、编程逻辑及语法

【教学要求】

1. 知识点

智慧物流　供应链　分拣机器人　无人配送　AGV

2. 技能点

掌握"倒车雷达"实训操作。

3. 重难点

通过学习本任务知识点，重点掌握人工智能如何实现智能化分拣服务及在物流配送中的应用；通过"倒车雷达"实训项目，亲身感受 AGV 的基本原理、路径规划、控制设置，主动探索身边更多的智慧物流应用，并思考未来人工智能技术在物流领域还有哪些拓展。

【专业英文词汇】

AGV（Automated Guided Vehicle）：自动导引车

Machine Vision Recognition Technology：机器视觉识别技术

Shortest Path Planning：最优路径规划

Sorting Robot：分拣机器人

Wisdom Logistics：智慧物流

任务导入

2020 年春节，受疫情影响，很多城市小区、村落都开始实行封闭式隔离管理，快递、外卖等外来人员均不能进入小区或村落，很多消费者都感到苦恼和无奈。在疫情期间，"无人"变成了热搜的高频词。当人们急迫需要无人送货的时候，为什么无人运输还没有广泛实现？无人送货全面普及的时代离我们还有多远？

京东无人配送应用

通过本任务的学习，也许能找到以下问题的答案：人工智能在物流行业的应用技术有哪些？"最后一公里"配送的解决方案有哪些？"无人"时代如何提升物流效率？智能化的算法对 AGV 在静态路径规划和动态路径规划方面有什么提升？读者通过"倒车雷达"实训项目可更好地理解图像识别技术的应用及最优路径规划，进而结合所学知识思考未来的无人配送与智能物流。

内容概览

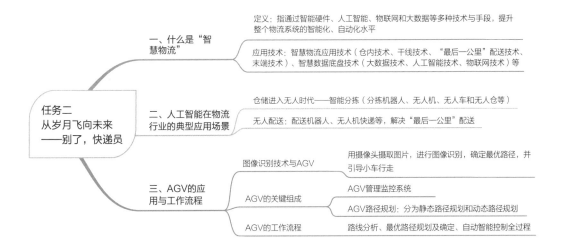

相关知识

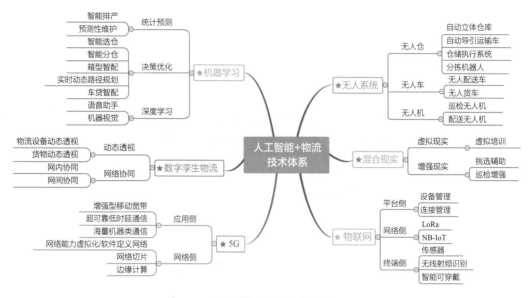

人工智能 + 物流技术体系

一、什么是"智慧物流"

物流行业是一个既传统又新兴的行业，与人们生活最近，也是让每个人感受到巨大变化的行业。在新技术飞速发展的今天，什么是"智慧物流"？究竟"智慧"在哪？未来还能更"智慧"吗？

智慧物流是指通过智能硬件、人工智能、物联网和大数据等多种技术与手段，提高物流系统分析决策和智能执行的能力，提升整个物流系统的智能化、自动化水平。智慧物流强调信息流与物质流快速、高效、通畅地运转，从而实现降低社会成本，提高生产效率，整合社会资源的目的。

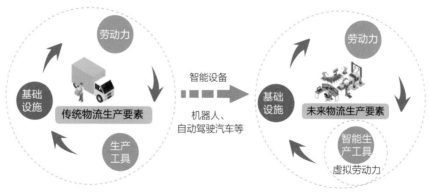

智能设备重组物流生产要素

那物流行业的本质是什么？不断涌现的新技术对物流行业有什么影响？怎么影响？

首先，我们要了解物流行业的本质。物流是一个关于效率和规模的行业，包括最基本的三大生产要素，即基础设施、生产工具和劳动力。效率的提升来自技术的应用，由于物联网和人工智能的发展，如智能机器人、自动驾驶汽车等，将对物流产生很大影响——因为智能工具可以代替现有劳动力，形成非常强大的虚拟劳动力，劳动生产率远远高于人类。而伴随着智能机器人、自动驾驶汽车等智能化设备的普及和运用，智能生产工具替代现有生产工具和大量劳动力，形成了新的物流生产要素。因此，所谓"智慧物流"就是对支撑物流的三大基本要素进行优化、改善，甚至替代。

支撑"智慧物流"的技术可分为智慧物流应用技术和智慧数据底盘技术。

1. 智慧物流应用技术

（1）仓内技术 仓内技术主要有机器人与自动化分拣、可穿戴设备、无人驾驶叉车和货物识别四类技术。仓内机器人包括 AGV、无人驾驶叉车、货架穿梭车和分拣机器人等，用于搬运、上架、分拣等环节。可穿戴设备包括免持扫描设备、智能眼镜等。其中，虽然智能眼镜凭借实时的物品识别、条码阅读、库内导航等功能，可提升仓库工作效率，但是目前仍属于较为前沿的技术，离大规模应用仍然有较远距离。

（2）干线技术 干线技术主要是无人驾驶货车技术。无人驾驶货车将改变干线物流现有格局。目前，多家企业已开始对无人驾驶货车进行探索并取得了阶段性成果，发展潜力非常大。

（3）"最后一公里"配送技术 "最后一公里"配送技术主要包括无人机技术与3D打印技术两大类。无人机技术相对成熟，凭借灵活快捷等特性，主要应用在人口密度相对较小的区域，如农村配送，预计将成为特定区域未来末端配送的重要方式。3D打印技术在物流行业的应用将带来颠覆性的变革，目前尚处于研发阶段。未来的产品生产至消费的模式将可能是"城市内3D打印+同城配送"，甚至是"社区3D打印+社区配送"的模式，物流企业需要通过3D打印网络的铺设实现定制化产品在离消费者最近的服务站点生产、组装与末端配送的职能。

（4）末端技术 末端技术主要是智能快递柜。目前已实现商用（主要覆盖一二线城市），是各方布局重点，包括深圳市丰巢科技有限公司、中邮速递易等在内的一批快递柜企业已经出现。

2. 智慧数据底盘技术

智慧物流在实际场景中得以广泛应用，离不开智慧数据底盘技术（物联网、大数据及人工智能）的支持。物联网与大数据互为依托，前者为后者提供部分分析数据来源，后者将前者提供的数据进行业务化，而人工智能则是基于两者更智能化的升级。

物联网的应用场景主要包括产品溯源、冷链控制、安全运输和路由优化等；大数据的应用场景主要有需求预测、设备维护预测、供应链风险预测、网络及路由规划等；人工智能的应用场景主要包括智能运营规则管理、仓库选址、决策辅助、图像识别和智能调度等。

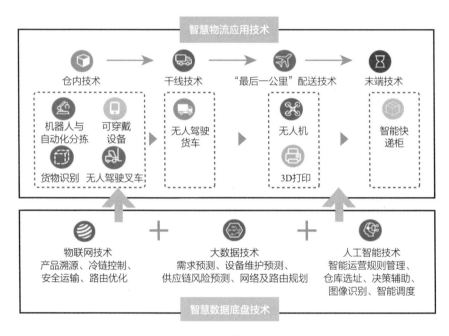

支撑"智慧物流"的应用技术

二、人工智能在物流行业的典型应用场景

物流行业是经济的晴雨表，而供应链是物流行业的核心。随着数字化时代的来临，人工智能技术逐步导入供应链的全过程。这会涉及大量的应用技术，每一项具体技术的突破与提升，将带来物流行业的改进。比如，即时有效的分拣，智能路径规划，配送过程实时可视等，都将大幅提升物流效率。而物流行业在人工智能技术的助推下，逐步在一些场景进入无人时代。

扫码看视频

智慧物流时代仓储智能化

（一）仓储进入无人时代

作为人工智能技术在智慧物流的应用技术之一，仓内技术的应用将为物流行业带来诸多巨变。2021 年，全球仓储和物流机器人的市场规模约为 224 亿美元，有约十分之一的成熟经济体中的仓库工人被人工智能机器人所取代。与此同时，我国单位 GDP 中仓储成本占比是发达国家的 2 ~ 3 倍。因此，推动物流装备更新升级，仓储是目前需求最大，有望最早全面应用智能设备的领域。

以仓储中的货物分拣为例，智能分拣不仅能够减少人力，还能够增加准确性，提高分拣效率，促进物流自动化。

人工智能技术是如何应用于分拣机器人工作的呢？

分拣机器人带有图像识别系统，利用磁条引导、激光引导、超高频 RFID 引导以及机器视觉识别技术，通过摄像头和传感器抓取实时数据，自动识别出不同的品牌标识、标签、3D 形态，通过判断分析，机器人可以将托盘上的物品自动运送到指定位置。工作人员只需将商品放到自动运输机器上，机器人便会在出站台升起托盘等待接收商品，然后集中配送，减少货物分类集中需要的时间。

智能分拣包含六个主要步骤，在这个不断循环的过程中，图像识别技术发挥着重要的作用。

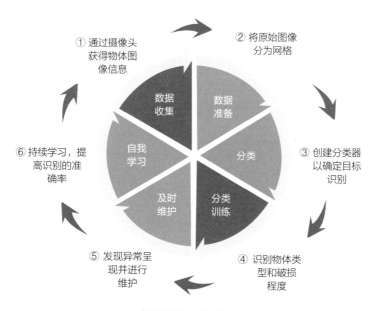

智能分拣工作流程

智能分拣已广泛地应用于企业，对信件和包裹等进行高效率和高准确性的智能分拣，正在成为现代包裹和快递运营商的重要发展方向。比如，DHL 获得专利的"小型高效自动分拣装置"利用了部分图像识别技术，在进行快件分拣的同时，能够自动获取数据，并能对接DHL的系统进行数据上传。京东物流昆山无人分拣中心最大的特点是从供包到装车，全流程无人操作，场内自动化设备覆盖率达到100%；实现自动供包并对包裹进行六面扫描，保证面单信息被快速识别，并由分拣系统获取使用，进而实现即时有效分拣。

京东智慧物流体系

（二）人在家中坐，货从天上来

千变万化的消费需求，让物流"最后一公里"配送成为迫切需要解决的问题。解决"最后一公里"配送究竟靠什么？是科技、场景，还是不断创新的模式？随着各大物流电商企业的发展，配送机器人和无人机快递被推到了越来越重要的位置。

什么是无人配送？目前主要是指配送机器人和无人机快递。首先，配送机器人根据目的地自动生成合理的配送路线，在行进过程中避让车辆和障碍物，到达停靠点后就会向用户发送短信通知收货，用户可以通过人脸识别直接开箱取货。无人机快递通过无线遥控设备和自备的程序控制装置操作无人驾驶的低空飞行器运载包裹，自动送达目的地。

为进一步降低末端配送成本，提升"最后一公里"配送的效率，电商巨头和外卖平台纷纷聚焦人工智能在物流配送中的使用。其中，亚马逊设计了无人送货交通工具，以重点解决"最后一公里"配送成本高的问题。2018年5月，阿里与速腾聚创在阿里菜鸟全球智慧物流峰会上，联合发布无人物流车G Plus。该车在行驶方向上拥有强大的3D环境感知能力，能识别行人、轿车、货车等障碍物的形状、距离、方位、行驶速度和行驶方向，并指明道路可行驶区域等，从而能在复杂的道路环境中顺利通行。美团网也在加速布局无人配送。2018年7月，美团点评在北京首次公开其自主研发的无人配送车，可完成室内外的送餐任务，并可实现自主上下电梯。

三、AGV 的应用与工作流程

随着人工智能技术的逐渐成熟，机器人行业的发展迎来了春天。其中，AGV 增势迅猛，产品层出不穷，在工业制造、仓储物流等领域得到广泛应用。AGV 作为物流自动化的主体，正朝着更加智能化、无人化的方向演变。

AGV 在物流行业应用普遍，主要应用在仓库的自动搬运系统、柔性的物流搬运系统等，它不仅解决了替代人力的问题，更提升了生产效率。那么 AGV 是如何实现无人驾驶的？它由什么组成？其工作流程又是什么呢？

（一）图像识别技术与 AGV

AGV 之所以能够实现无人驾驶，导航和导引起到了至关重要的作用。随着技术的发展，目前能够用于 AGV 的导航和导引技术主要有图像识别引导、GPS（全球定位系统）导航、惯性导航和激光引导等。

图像识别 AGV 用摄像头摄取照片，通过计算机图像识别软件分析和识别，找出小车体与预设路径的相对位置，从而引导小车行走。随着人工智能技术的发展，AGV 的识别能力、抗环境污染及抗干扰的能力将会大幅提升。

仓储业是 AGV 最早应用的场所。通过高效的任务编排、调度算法优化、高精度二维码定位导航技术和良好的人机交互体验，可调度多台 AGV 同时工作，实现 AGV 之间，AGV 和人之间的无缝对接。

（二）AGV 的关键组成

1. AGV 管理监控系统

AGV 管理监控系统是一个复杂的硬、软件系统。其硬件部分由服务器、管理监控计算机、网络通信系统以及相关接口等组成，软件部分由相关的数据库管理系统、管理监控调度软件等组成。其主要功能是管理、监控和调度 AGV 执行搬运作业任务。AGV 接收控制中心的指令，同时将自身状态（如位置、速度等）及时反馈给控制中心。AGV 的主控制器通常由 PLC 或单片机来编程，一方面与上一级的信息管理系统（SAP/ERP/WMS/MES 等）主机进行通信，产生、发送以及回馈搬运作业任务；另一方面通过无线网络系统与 AGV 进行通信，按照一定规则发送物料搬运任务，并进行智能化交通管理，自动调度相应的 AGV 完成物料搬运任务，同时接受 AGV 反馈的状态信息，监控系统的任务执行情况，并向上一级信息管理系统主机报告任务的执行情况。

同时，AGV 控制器内置脚本编程，可以让其有更多扩展应用，完成一些复杂或者特殊的应用，如搭载机械臂、复杂任务逻辑处理等。

搭载机械臂

2. AGV 路径规划

AGV 路径规划在整个智能控制系统中具有重要作用，分为单台 AGV 控制和多台 AGV 系统控制。同时，还分为静态和动态两种环境的路径规划。

静态环境下的路径规划，又称离线路径规划，是指 AGV 工作环境的全部信息已知。分析静态环境中 AGV 的路径规划，需要解决的一个问题是在这种环境中什么样的路径才能够被认为是合理的。因此，及时性与稳定性是重要的考虑要素。在离线环境中，AGV 控制器可以自动规划路径，实现自主导航，让 AGV 在任意时间从一个站点导航到任意其他站点。即使路线地图非常复杂，AGV 也可以快速完成路径规划。

动态环境下的路径规划，是假定在环境信息未被完全掌握的情况下，AGV 如何感知环境。AGV 在动态环境中进行路径规划时所需的信息都是从传感器得来的，因此环境变化之后，很多信息无法被掌握，为保证最优性，在进行路径规划时，AGV 需要在安全性和时间性之间进行权衡。

AGV 在静态环境下运行

随着 AGV 工作环境复杂度和任务的加重，智能化的算法不断涌现。比如，神经网络能模拟人的经验，具有自组织、自学习功能并且具有一定的容错能力。将该方法应用于路径规划会使 AGV 在动态环境中更灵活，更具智能化。多台 AGV 系统的路径规划将成为 AGV 系统整体效率提升的关键。

（三）AGV 的工作流程

1. 路线分析

AGV 接收到物料搬运指令后，根据静态或者动态环境进行路径分析，确定自身当前坐标及前进方向，控制器进行矢量计算、路线分析。

2. 最优路径规划及确定

AGV 的控制器进行路线分析后，从中选择最佳的行驶路线。

3. 自动智能控制全过程

选择好最佳路线后，自动智能控制 AGV 在路上的行驶，包括拐弯和转向等，到达装载货物位置后准确停住并完成装货。然后 AGV 向目标卸货点行驶，准确到达位置后停住并完成卸货，向控制计算机报告其位置和状态。随之 AGV 驶向待命区域，直到接到新的指令后再动作。

 # 实训任务

实训项目　倒车雷达

任务描述	基于对智慧物流行业现状需求以及人工智能技术在智慧物流行业应用场景的学习和了解，依托艾智讯平台实训演练模块及 AI 模方基础应用实训设备，经过设计程序工作流程图、拖拽图形化代码积木、运行与调试代码程序、硬件联调等一系列实训过程，可完成无人小车的一个基本应用——倒车雷达场景模拟，借助 AI 模方的传感器组件，通过图形化编程实现倒车雷达功能（超声波测距、灯光及语音提示）
任务目标	通过"倒车雷达"实训项目实践主要达到以下目的： ➢ 深入了解无人小车倒车雷达应用场景的设计与实现 ➢ 清楚 AI 模方、相应传感器组件的结构与工作原理 ➢ 能够创建一个人工智能实训项目，并完成软硬件环境的联调 ➢ 掌握基本的编程逻辑、语法，通过图形化编程实现项目预设目标 ➢ 能够结合智慧物流、无人小车的具体场景，应用人工智能思维发现问题、解决问题

（续）

操作截图	操作步骤
1. 完成实训准备工作，熟悉相关积木的含义及使用方法	
	准备实训环境及设备：艾智讯平台、AI 模方、网络及计算机等
	熟悉相关积木：打开"硬件实验室"，在"积木类别区"中找到"传感器"类的相关积木，熟悉相关积木的使用方法
2. 完成积木编程并查看程序运行结果	
	根据"倒车雷达"实训项目的具体目标，设计程序工作流程图。掌握基本的编程逻辑、语法，根据项目流程设计，在"积木选择区"拖拽积木，在"编辑区"进行组合修改

任务实施

（续）

操作截图	操作步骤
	在"设备区"单击"上传到设备"进行硬件联动调试，执行程序并查看结果

<table>
<tr><td rowspan="2">任
务
实
施</td><td>

```
1  #模拟倒车雷达实训项目
2  #作者：周某某
3  while True:
4    if ultrasonic(3) < 5:
5      open_led('红色')
6      delaysecond(1)
7      close_led()
8      delaysecond(1)
9      open_led('红色')
10     playtexttoaudio('距离过近，请注意','快','女声')
11   elif ultrasonic(1) > 5 and ultrasonic(3) <= 20:
12     open_led('黄色')
13     delaysecond(1)
14     close_led()
15     delaysecond(1)
16     open_led('黄色')
17     playtexttoaudio('不要太靠近哦','中','女声')
18   else:
19     open_led('绿色')
20     delaysecond(1)
21     close_led()
22     delaysecond(1)
23     open_led('绿色')
24     playtexttoaudio('请放心行驶','中','女声')
25     close_led()
26     break
27
```

</td><td>单击"查看代码"按钮，可查看编程积木的 Python 源代码，进一步学习 Python 代码编写语法及规范</td></tr>
<tr><td colspan="2">3. 完成 AI 模方硬件联调，检验编程实现效果</td></tr>
</table>

	打开 AI 模方，单击"设置"。查看设备 IP 地址，在平台端输入设备 IP 地址，单击"连接设备"。设备连接成功后，单击"上传到设备"，观察 AI 模方"倒车雷达"执行效果

课后延展

　　智能物流更多强调构建一个虚拟的物流动态信息化的互联网管理体系，而智慧物流则更重视将物联网、传感网和现有的互联网结合在一起，从而通过精细、科学的管理实现物流的自动化、可控化、可视化和智能化，提高资源的利用率和生产效率。

——《人工智能时代：未来已来》作者杨爱喜、卜向红、严家祥

　　智慧物流给物流业带来的变革，并非简单地体现在引进人工智能、智能机器人、智能仓储管理系统、智能传感设备等新技术与设备方面，更为关键的是，它颠覆了物流业沿革多年的传统思维模式、商业模式及管理理念，引导广大创业者及企业积极创新，不断丰富并完善众包物流、云仓储、智能配送等新兴业态。

——《智慧物流：打造智能高效的物流生态系统》作者王先庆

 自我测试

　　1. 说一说：人工智能技术在智慧物流"最后一公里"配送方面有哪些突破和应用？瓶颈在哪里？

　　2. AGV 中都应用到了哪些人工智能技术？分别解决了什么问题？

　　3. AGV 解决了物流中无人配送的难题，那么其他行业中是否对无人配送也有市场需求？具体应用有哪些？

｜任务三｜

AIGC＋内容生产——智媒时代已然来临

【教学目标】

1. 了解 AIGC 的定义和技术场景划分
2. 了解 AIGC 在新媒体行业的广泛应用及对优化内容生产的核心价值
3. 认知数字虚拟人生成、视频生成、跨模态生成的基础原理和流程
4. 掌握提示语工程技能，通过提示过程与人工智能高效交互

【教学要求】

1. 知识点

AIGC 的技术应用　数字虚拟人生成　视频生成　跨模态生成

2. 技能点

掌握"数字营销提示语工程训练"实训操作。

3. 重难点

通过学习本任务知识点，重点了解 ChatGPT 爆火背后 AIGC 多模态技术的场景发展；了解 AIGC 通过多种应用实现数字内容新生产方式，如 AI 绘画、数字虚拟人、AI 生成视频、ChatGPT 等。实践体验通过提示语工程指导 AIGC 大模型在文本创作、图形设计、视频生成等方面的应用，并思考未来人工智能技术在内容创作、新媒体创新方面还有哪些拓展。

【专业英文词汇】

AIGC（AI-Generated Content）：生成式人工智能　　PE（Prompt Engineering）：提示语工程

Video Generation：视频生成　　Virtual Human Generation：虚拟人生成

Digital Twin：数字孪生

任务导入

2022年8月，美国科罗拉多州举办的新兴数字艺术家竞赛中，一幅名叫《太空歌剧院》的作品获得此次比赛"数字艺术/数字修饰照片"类别的一等奖。这幅图的特别之处在于，作者是利用 AI 绘画工具创作而成，只需输入一段文字，就可以生成一幅画作。《太空歌剧院》让更多人直观认识到 AIGC 技术的强大与魅力所在，AIGC 的出现代表着人工智能正逐步实现从感知世界到生成创造的进击。

AIGC 作品 《太空歌剧院》

在本任务中，我们将一起来认识人工智能技术驱动下，AIGC 如何使数字内容生产方式向更高效迈进？AIGC 如何实现多模态生成，在未来的工作和创作中创造无限可能？

内容概览

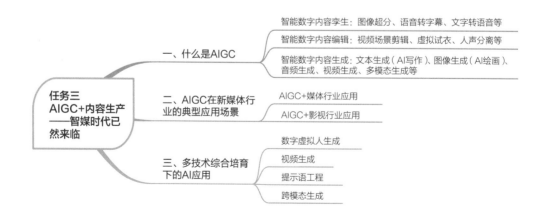

相关知识

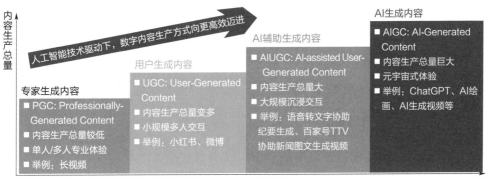

内容生成发展历程

一、什么是 AIGC

AIGC（AI-Generated Content，生成式人工智能），即利用人工智能技术来快速生成内容。2022 年 ChatGPT 的爆红出圈宣告了 AIGC 时代的到来，被认为是人工智能时代的新型内容创作方式。

AIGC 能以优于人类的制造能力和知识水平，承担信息挖掘、素材调用、复刻编辑等基础性机械劳动，从技术层面实现以低成本、高效率的方式满足海量个性化需求。

AIGC 可以自动生成内容，也可以辅助生成内容。AIGC 广泛应用在文本生成、图像生成、音频生成、视频生成等方面，推动了大量深度学习模型的不断完善。

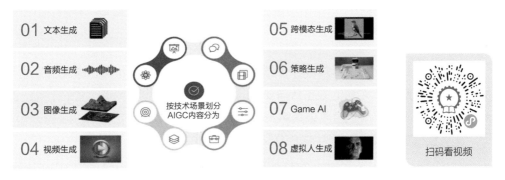

AIGC 内容生成种类

AIGC 的技术应用有哪些？从技术层面看，AIGC 可分为三个层次：

（一）智能数字内容孪生

智能数字内容孪生主要包括内容的增强与转译。增强即对数字内容修复、去噪、细节增强等。转译即对数字内容转换，如翻译等。例如，一张低分辨率的图片，通过智能增强技术中的图像超分可对低分辨率进行放大，同时增强图像的细节信息，生成高清图。再比如，对于老照片中的像素缺失部分，可通过智能增强技术进行内容复原。而智能转译技术则更关注不同模态之间的相互转换。例如，我们录制了一段音频，可通过智能转译技术自动生成字幕；若输入一段文字，则可以自动生成语音，实现模态间智能转译应用。

具体应用：图像超分、语音转字幕、文字转语音等。

（二）智能数字内容编辑

智能数字内容编辑指通过对内容的理解以及属性控制，进而实现对内容的修改。例如，在计算机视觉领域，通过对视频内容的理解，实现不同场景视频片段的剪辑。在语音信号处理领域，通过对音频信号的分析，实现人声与背景声分离等。

具体应用：视频场景剪辑、虚拟试衣、人声分离等。

（三）智能数字内容生成

智能数字内容生成指通过从海量数据中学习抽象概念，并通过概念的组合生成全新的内容。例如 AI 绘画，从海量绘画作品中学习不同笔法、内容、艺术风格，并基于学习内容重新生成特定风格的绘画。采用此方式，人工智能在文本创作、音乐创作和诗词创作中都有不错的表现。再比如，在跨模态领域，通过输入文本输出特定风格与属性的图像，不仅能够描述图像中主体的数量、形状、颜色等属性信息，还能够描述主体的行为、动作以及主体之间的关系。

具体应用：文本生成（AI 写作）、图像生成（AI 绘画）、音频生成、视频生成、多模态生成等。

1. 文本生成

根据使用场景，基于自然语言处理的文本内容生成可分为非交互式文本生成与交互式文本生成。非交互式文本生成包括摘要/标题生成、文本风格迁移、文章生成、图像生成文本等。交互式文本生成主要包括聊天机器人、文本交互游戏等。

代表性模型：Jasper AI、Copy. AI、ChatGPT、Bard、AI Dungeon 等。

2. 图像生成

根据使用场景，可分为图像编辑修改与图像自主生成。图像编辑修改可应用于图像超分、图像修复、人脸替换、图像去水印、图像背景去除等。图像自主生成则包括端到端的生成，如真实图像生成卡通图像、参照图像生成绘画图像、真实图像生成素描图像、文本生成图像等。

代表性模型：EditGAN、Deepfake、DALL-E、MidJourney、Stable Diffusion、文心一言等。

3. 音频生成

音频生成技术较为常见，如语音克隆、人声替换、数字人播报、语音客服等。此外，还可基于对文本描述、图片内容的理解生成场景化音频、乐曲等。

代表性模型：DeepMusic、WaveNet、Deep Voice、MusicAutoBot 等。

4. 视频生成

其原理与图像生成相似，主要分为视频编辑与视频自主生成。视频编辑可应用于视频超分（视频画质增强）、视频修复（老电影上色、画质修复）、视频画面剪辑（识别画面内容，自动场景剪辑）。视频自主生成可应用于图像生成视频（给定参照图像，生成一段运动视频）、文本生成视频（给定一段描述性文本，生成内容相符的视频）。

代表性模型：Deepfake、VideoGPT、GliaCloud、Make-A-Video、Imagen Video 等。

5. 多模态生成

以上四种模态可以进行组合搭配，进行模态间转换生成，如文本生成图像（根据提示语生成特定风格图像）、文本生成音频（根据提示语生成特定场景音频）、文本生成视频（根据一段描述性文本生成语义内容相符视频）、图像生成文本（根据图像生成标题、故事等）、图像生成视频。

代表性模型：DALL-E、MidJourney、Stable Diffusion 等。

二、AIGC 在新媒体行业的典型应用场景

作为由技术驱动的数字内容生产新方式，AIGC 带来了内容创作的变革，这种变革正在快速地改变媒体的内容生产模式，自动生成文本、图片、音乐、视频、3D 交互内容等各种形式的新资源，并率先在传媒、电商、影视、娱乐等领域取得进展。

AIGC 的应用场景包括：

- AIGC + 传媒：写作机器人、采访助手、视频字幕生成、语音播报、视频集锦、AI 合成主播。
- AIGC + 电商：商品 3D 模型、虚拟主播、虚拟货场。
- AIGC + 影视：AI 剧本创作、AI 合成人脸、AI 合成人声、AI 创作角色和场景、AI 自动生成影视预告片。
- AIGC + 娱乐：AI 换脸应用（如 FaceApp、ZAO）、AI 作曲（如虚拟歌手初音未来）、AI 合成音视频动画。
- AIGC + 教育：AI 合成虚拟教师、AI 根据课本制作历史人物形象、AI 将 2D 课本转换为 3D。
- AIGC + 金融：通过 AIGC 实现金融资讯、产品介绍视频内容的自动化生产，通过

AIGC 塑造数字虚拟人客服。

- AIGC + 医疗：AIGC 可为失声者合成语言音频、为残疾人合成肢体投影、为心理疾病患者合成医护陪伴。
- AIGC + 工业：通过 AIGC 完成工程设计中重复的低层次任务，通过 AIGC 生成衍生设计，为工程师提供灵感。

下面重点介绍 AIGC 在媒体行业和影视行业的具体应用。

（一）AIGC + 媒体行业应用

AI 与视频、AI 与元宇宙的结合带来内容与媒介的变化。AIGC 正逐渐向媒体流程的各环节渗透，将对媒体的内容生产模式带来极大的冲击和改变。

AIGC 在新媒体行业中的应用见表 4 - 1。

表 4 - 1　AIGC 在新媒体行业中的应用

采集环节	编辑环节	播报环节
语音转文本	画质修复	AI 数字虚拟人（AI 合成主播）
写作机器人	画质增强	智能播报机器人
	AI 视频画面剪辑	
	视频字幕生成	
	视频封面生成	
	图文转视频	

在采集与编辑制作阶段，以机器学习、生成式 AI 为代表的人工智能技术与视频生成技术相结合，实现了画质修复、AI 视频画面剪辑、视频字幕生成等功能。

在播报与分发阶段，以自然语言处理和深度学习为代表的人工智能技术与视频审核和视频传播技术相结合，实现了智能审核、个性化推荐等功能；AI 数字虚拟人（AI 合成主播）、智能播报机器人则实现了实时语音与人物动画合成，只需要输入所需要播出的文本内容，计算机就会生成相应的 AI 合成主播播报的视频，并确保视频中人物音频和表情、唇动保持自然一致，展现与真人主播无异的信息传达效果。

在用户体验阶段，以计算机视觉为代表的人工智能技术与视频体验技术相结合，实现了视频互动、弹幕防挡等功能。人工智能技术与元宇宙的结合则带来实时大量内容的供给。

（二）AIGC + 影视行业应用

AIGC 在影视行业中的应用见表 4 - 2。

表4 -2 AIGC 在影视行业中的应用

前期创作阶段	中期拍摄阶段	后期制作阶段
语音转文本	虚拟场景生成	画质修复
写作机器人		画质增强
		AI 视频画面剪辑
		人脸替换、人声替换

前期创作阶段，AIGC 可通过对海量剧本进行学习，并按照限定风格生成剧本，创作者可进行二次筛选与加工，激发创作灵感，缩短创作周期。

中期拍摄阶段，可通过人工智能合成虚拟场景，将无法实拍或成本过高的场景生成出来，提升视听体验。例如，在拍摄前大量收集场景素材，建模制作虚拟场景，演员在绿棚中进行拍摄，根据实时人员识别与抠图技术，将人物嵌入虚拟场景中并进行融合，生成最终视频。

后期制作阶段，可结合 AIGC 技术对视频画质进行增强，若视频中出现敏感人员则可通过"人脸替换""人声替换"对视频进行编辑。此外，制作者可利用人工智能技术自动对视频片段进行剪辑，缩短视频预告片、片段集锦的制作时间。

三、多技术综合培育下的 AI 应用

（一）数字虚拟人生成

数字虚拟人是应用计算机图形学、图形渲染、动作捕捉、深度学习、语音合成等多种计算机技术，并具有多重人类特征的综合产物。

数字虚拟人具备以下显著特征。

- 虚拟化：通过电子设备、VR 设备或全息设备等形式呈现，非物理形式存在。
- 数字化：是多项数字技术的综合产物，相关技术的逐步成熟是数字虚拟人发展的重要支撑。
- 拟人化：其外表、行动、交互等方面均高度拟人化，提升拟人化是未来数字虚拟人技术的核心方向。

随着人工智能深度学习获得突破，基于深度学习模型的计算驱动型数字虚拟人得到快速发展。从基本流程看，数字虚拟人的生成包括以下四步：

第一步，建模。扫描模特并采集表情、姿态等数据，建模并绑定关键点。

第二步，训练模型。利用深度学习，学习模特语言、表情等参数间的潜在映射关系，形成驱动模型。

第三步，渲染。对图像进行渲染以提升逼真度，生成数字虚拟人。

第四步，内容制作。基于语音输入或 TTS 技术，结合训练后的模型推理得到每帧数字虚拟人图片，并与语音相对应。

数字虚拟人技术的应用范围非常广泛，目前在短视频制作中已很常见，通过一键成片实现高效制作，在成功实现降本增效的同时，也帮助新媒体制作进行营销升级。

（二）视频生成

在如何快速生成视频方面，深度学习的突破让视频属性个性化编辑成为普遍应用。目前数字虚拟人结合视频编辑有三类应用场景。

- 视频属性编辑：包括视频画质修复、删除画面中特定主体、自动跟踪主题剪辑、生成视频特效、自动添加特定内容、视频自动美颜等，目前此类技术已大量应用。
- 视频自动剪辑：包括基于视频中的画面、声音等多模态信息的特征融合进行学习，按照氛围、情绪等高级语义限定，对满足条件的片段进行检测并合成。
- 视频部分编辑：即基于目标图像或源视频进行编辑及调试，通过语音等要素逐帧复刻，能够实现人脸替换、人脸再现、人脸合成甚至全身合成、虚拟环境合成等功能。

视频生成难度远高于图像生成，生成视频的质量与流畅度取决于很多因素，包括数据集规模、训练模型复杂度、特征提取准确性以及合成视频算法有效性。由于模型训练量要求过大，目前模型只能实现几秒钟的短视频生成，未来有望随着模型的迭代实现中视频和长视频的生成。

视频生成的基本流程包括以下步骤：

第一步，数据准备。准备用于训练模型的数据集。通常包括视频、音频、图像和文本等多种形式的数据。

第二步，特征提取。利用卷积神经网络（Convolutional Neural Network，CNN）或循环神经网络（Recurrent Neural Network，RNN）等深度学习模型对视频中的每一帧进行特征提取。

第三步，帧间预测。根据前面提取到的特征，预测视频中的下一帧内容。可以通过生成模型实现，如深度学习模型 VAE（Variational Auto Encoder，变分自编码）、GAN（Generative Adversarial Network，生成式对抗网络）等。

第四步，合成视频。将生成的序列合成为视频。通常使用视频编码器将合成的视频进行压缩，并将其存储为可播放的格式。

（三）提示语工程

1. 什么是提示语工程

提示语工程（Prompt Engineering，PE）是一种人工智能技术，通过设计和改进人工智能的提示语（Prompt）来提高人工智能的表现。提示语工程的目标是创建高度有效和可控的人工智能系统，使其能够准确、可靠地执行特定任务。

2. 提示语工程常见应用场景

应用场景一：数据结构化

大语言模型常用的用途是将数据组织成表格。可将大量新闻或业务报告的要点提炼成一个表格，录入电子表格或数据库中，而类 GPT 这样的聊天机器人可以帮助实现。下面通过在报告末尾添加生成包含此信息的表格来提取信息。

提示语输入如下：

在最近一次业务汇报中，A 公司的首席执行官强调他们在过去财年中显著增长。报告显示公司营收增长 15%，达到了 5000 万元，利润率为 12%（净利润为 600 万元）。报告还展示客户基础增长了 20%，现有 10 万名客户。此外，公司运营费用增加了 10%，达到了 1000 万元，员工数量增加了 25%，导致当前的员工人数为 500 人。

类 GPT 会快速生成包含此信息的表格（表 4 - 3）。

表 4 - 3　类 GPT 生成的表格

指标	值
营收增长	15%
营收总额	5000 万元
利润率	12%
净利润	600 万元
客户基础增长	20%
客户总数	10 万人
运营费用增长	10%
运营费用总额	1000 万元
员工增长率	25%
员工总数	500 人

接下来，可以将其复制到 Excel 中，甚至文档和 PPT 里。

应用场景二：写邮件

撰写电子邮件是一项耗时的任务，特别是需要先阅读收到的邮件时。下面将介绍类 GPT 撰写电子邮件的各种案例，既包括告诉老板你今天生病了这种简单的情况，也有一些更为复杂的情况。提示语案例介绍见表 4 - 4。

表 4 - 4　提示语案例介绍

案例名称	提示语输入	类 GPT 输出
请病假	我的名字：洛小孚 老板的名字：派老板 写一封电子邮件给我的老板，告诉他我今天因为生病不能上班	亲爱的派老板： 　我是洛小孚，我是你的员工。我很抱歉地通知你，我今天因为生病不能上班。 　我昨晚感觉不舒服，今天早上我去看了医生，他诊断我得了感冒。他建议我休息几天，所以我不能上班。我会尽快恢复健康，并尽快回到工作岗位。如果你需要任何其他信息，请随时联系我。谢谢！ 　　　　　　　　　　洛小孚

（续）

案例名称	提示语输入	类GPT输出
语言风格修改/指令要求以幽默风格撰写	我的名字：洛小孚 老板的名字：派老板 写一封电子邮件给我的老板，告诉他我今天因为生病不能上班。请简洁幽默，包含一个有趣的理由	亲爱的派老板： 　　很遗憾，我今天不能来上班。原因是我昨晚在外面做完一个任务，结果回到家后发现变成了一只猫！这可能是一种古老的魔法，但可怕的是它会让我感冒，所以我必须休息一天才能恢复健康。我会尽快完成我的工作，并尽力赶上时间表。祝你今天一切顺利！ 　　最真诚的问候。 　　　　　　　　　　　　　　　洛小孚
严肃/专业的示例	我的名字：洛小孚 老板的名字：派老板 写一封严肃、专业的电子邮件给我的老板，告诉他我今天因为生病不能上班。请简洁明了	尊敬的派老板： 　　我是洛小孚，很抱歉地通知您，我今天因为生病不能上班。我会尽快恢复健康，并尽快回到工作岗位。 　　谢谢您的理解。 　　　　　　　　　　　　　　　洛小孚
收到一份很长的邮件，要求生成摘要和任务项清单	尊敬的洛小孚： 　　希望你一切都好。我写信给你，向你提供我们公司的一些新消息，并请求你协助解决你所开发软件的用户界面（UI）的问题。 　　正如你所知，我们公司一直致力于为客户提供用户友好的体验，我们已经确定了软件UI方面的一些问题。具体来说，我们收到了用户的反馈，他们发现访问某些功能很困难，并且UI不够直观。我们需要你的帮助来解决这些问题并改善软件的UI。这可能涉及对UI的布局、设计或功能进行更改。我们相信，你在软件开发方面的专业知识和对软件的熟悉程度将使你成为帮助我们完成这项任务的理想人选。如果你需要任何额外的资源或支持来完成这项任务，请告诉我。此外，如果你能够提供一个预计修改完成时间的估计，我会非常感激。如果你有任何问题或需要进一步的解释，请联系我。感谢你的辛勤工作和对我们公司的奉献。我期待着很快收到你的回复。 　　此致敬礼 　　派老板 生成以上邮件的内容摘要和任务项清单	写信人：派老板 收信人：洛小孚 内容摘要：派老板向洛小孚提供了公司的一些新消息，并请求洛小孚协助解决软件的UI问题 任务项清单： 1. 对UI的布局、设计或功能进行更改 2. 提供一个预计修改完成时间的估计 3. 如果需要，提供额外的资源或支持

（续）

案例名称	提示语输入	类 GPT 输出
以上述摘要来撰写回复邮件	写信人：派老板 收信人：洛小孚 内容摘要：派老板向洛小孚提供了公司的一些新消息，并请求洛小孚协助解决软件的 UI 问题 任务项清单： 1. 对 UI 的布局、设计或功能进行更改 2. 提供一个预计修改完成时间的估计 3. 如果需要，提供额外的资源或支持	亲爱的派老板： 　　感谢您给我发送关于公司的新消息。我很乐意协助解决软件的 UI 问题。我将尽快对 UI 的布局、设计或功能进行更改，并尽力在最短的时间内完成。如果需要，我可以提供额外的资源或支持。期待着与您的合作！ 洛小孚

应用场景三：学习工具

大语言模型最常见的使用方式之一就是作为学习工具。大语言模型在解释术语、自问自答等方面的应用都有很不错的效果。

以自问自答为例，这是采用大语言模型作为学习工具的另一种方式，即自测。假如你即将参加微积分考试，可以进行简单的提问。

提问：

生成 5 道微积分测验题目。

回答：

1）求 $y = x^3$ 的导数是什么？

2）求不定积分 $\int (x - 2)^2 \mathrm{d}x$ 的值。

3）导数的乘法法则是什么？

4）求函数 $y = x^2$ 在点（4，16）处的切线方程。

5）求 $y = x^4$ 的二阶导数。

假如你正在学习更具体的课程，可能需要给模型提供额外的信息，来生成对应的测验题目。

应用场景四：数字营销

大语言模型技术适用于数字营销的日常工作，包括从分析到内容生成再到调整等过程，如关键字研究、营销渠道研究、调整网页标签和 PPC 广告等。

（1）关键字研究　关键字研究提示语常见格式如下。

1）生成与"某商品"相关的关键字列表。

2）生成与"某商品"相关的关键字簇，并使用该簇的列标题、关键字和搜索意图进行组织。

3）生成与"某商品"相关的长尾关键字列表。

（2）调整网页标签和 PPC 广告　通过大语言模型技术帮助生成符合 SEO 和 PPC 活动限制的文本的提示语如下。

1）为一篇博客文章生成一个表格，其中包含 5 个活泼的标题标签选项和 SEO 有力词，该文章用于宣传 "A 公司" 的新型 "某商品"。每个标题的长度应少于 60 个字符，并包含 SEO 关键字 "某商品"。添加一列来显示 5 个相应的元描述，其中还必须包含相同的 SEO 关键字和号召性用语。

2）为有关可收藏 "某商品" 的百度响应式搜索广告生成 5 个引人注目的标题，每个标题的长度不超过 30 个字符。

3）为一项新活动生成 5 个号召性三字词语，宣传 "A 公司" 的 "某商品"。

3. 提示语工程技术合集

向类 GPT 询问高质量答案的提示语工程技术的相关内容如下。

（1）提示语公式元素　组成部分包括任务、指导和角色。

- 任务：明确而简明地说明指示要求模型生成的内容。
- 指导：生成文本时模型应遵循的指导说明。
- 角色：模型在生成文本时应扮演的角色。

示例：以［角色］身份生成［任务］。

（2）样本提示

1）零样本。

示例：撰写一个新智能手表的产品描述。

2）一个样本。

示例：将一款新智能手机与最新型号的 iPhone 进行比较。

3）少量样本。

示例：撰写一篇针对新电子书阅读器的评论。

（3）自我一致性　是一种用于确保类 GPT 的输出与提供的输入一致的技术。

示例：生成与以下产品信息一致的产品评论［插入产品信息］。

（4）知识整合提示　包括知识整合、连接信息片段、更新现有知识。

（5）控制生成提示　高度控制生成文本的输出。

示例：基于以下模板生成故事［插入模板］。

（6）概述提示

示例 1：生成较短版本的给定文本。

示例 2：一句话总结以下新闻文章［插入文章］。

示例 3：列出会议的主要决策和行动来总结以下会议记录［插入记录］。

示例 4：用一段简短的段落总结以下书籍［插入书名］。

（7）对话提示　让模型生成文本以模拟两个或多个实体之间对话的技术。提供上下文、一组角色（或背景信息）、期望输出类型或限制。

示例：在以下场景中生成以下角色之间的对话［插入角色］。

（8）NER提示　命名实体识别提示，允许模型在文本中识别和分类命名实体，例如人名、组织机构、地点和日期。

示例：对以下新闻文章［插入文章］执行命名实体识别，识别和分类人名、组织机构、地点和日期。

4.图像类提示语

图像类提示语是提供给机器学习算法的一组指令，用于生成特定输出。用户可以向人工智能提供提示语，例如颜色或主题，人工智能将根据该提示语生成一件艺术品。例如，提示语可能是"生成一张蓝色的天空有一朵心形的白云的图片"。

作为通信媒介，提示语将图像应包含内容的想法传达给文本到图像的AI艺术生成器（机器学习模型）。提示语可以像一行文本一样简单，也可以很模糊。有时甚至可以使用表情符号作为提示语并获得最佳输出。

一个好的提示语必须包含名词、形容词和动词来创建一个有趣的主题。编写提示语的基本规则如下。

- 至少写3~7个词：超过3个词的提示语会给人工智能一个清晰的上下文。
- 使用多个形容词：多个形容词会给作品注入多种感受，例如美丽的、逼真的、多彩的、巨大的。
- 包括艺术家的名字：在提示语中写入艺术家的名字将模仿该艺术家的风格，例如巴勃罗·毕加索、文森特·梵高、保罗·高更。
- 一种风格：如果你想让生成的艺术品属于一种特定的风格，提示语中必须包括风格类型，例如超现实主义、对称主义、当代主义、极简主义等。
- 计算机图形：有了计算机图形，艺术品会变得更加有效且有意义，例如Octane渲染、Cycles、虚幻引擎、光线追踪。
- 质量：提及艺术品的质量，例如低、中、高、4K或8K。
- 不要使用人工智能生成器禁用的词，以免被禁用。

（四）跨模态生成

随着人工智能技术的快速发展，跨模态生成有望在新媒体行业大规模落地，文字生成图像将取得突破。跨模态生成是指在保持模态间语义一致性的前提下，将一种模态转换成另一种模态，主要集中在文字生成图片、文字生成视频及图片/视频生成文字。

2022年被称为"AI绘画"之年，多款模型软件证明了基于文字提示生成良好图画的可行性，其中，Diffusion Model受到广泛关注。

在文字生成视频方面，其基本原理为以Token为中介，关联文本和图像生成，逐帧生成所需图片，最后逐帧生成完整视频。但由于视频生成会面临不同帧之间的连续性问题，为确保视频整体连贯性，对生成图像间的长序列建模问题要求更高。通常按技术生成难度和生成内容，可分为拼凑式生成和完全从头生成。跨模态生成方式分析见表4-5。

表4-5 跨模态生成方式分析

跨模态生成类型	代表性公司/产品	目前存在缺点	发展展望
文字生成图片	OpenAI（CLIP、DALL-E、DALL-E2）、Google（Imagen、AI绘画大师Parti）、Stability AI（Stable Diffusion）、盗梦师AI、意间AI、Tiamat等。	生成的图像可能会显得有些机械和刻板 缺乏人类艺术家的创造力和灵感	基于Diffusion Model的兴起，AI绘画和AI生成视频有望在将来迎来较为广泛的规模应用
文字生成视频	Adobe（Project Morpheus）、Meta（Make-A-Video）、Google（Imagine Video、Phenaki）、Stability AI（研发中）	由于模型限制，目前生成视频时间较短（Make-A-Video只可生成5s视频） 帧与帧连接可能存在动作不连贯、不协调等问题	

实训任务

实训项目 数字营销提示语工程训练

任务描述	本实训项目旨在深化对数字营销和提示语工程之间关联的理解。通过对关键字研究、营销渠道的探索以及对网页标签和PPC广告的提示语调整，读者将学会如何将数字营销的策略与人工智能大语言模型训练结合。通过该项目，读者不仅能够熟练应用提示语工程的理念，还能够理解数字营销的微观策略如何影响最终的营销结果
任务目标	通过"数字营销提示语工程训练"实训项目实践主要达到以下目的： ➤ 深入了解人工智能大语言模型+提示语+数字营销应用场景的设计与实现 ➤ 深入了解关键字如何影响搜索引擎排名，以及如何使用提示语工程来优化关键词 ➤ 研究不同的营销渠道如何互相影响，以及如何利用人工智能来分析和优化这些渠道的表现 ➤ 学习如何通过调整网页标签与PPC广告提高点击率，并运用提示语工程来测试和验证这些调整的效果 ➤ 掌握各种数字营销工具和技术，如关键字工具、广告平台等，并了解如何与人工智能模型结合 ➤ 熟练掌握相关编程逻辑和语法，使用图形化编程工具来实现数字营销策略的自动化优化 ➤ 从现有的数字营销策略中，应用提示语工程和人工智能思维发现问题、解决问题

（续）

操作截图	操作步骤

1. 关键字研究的提示语工程实践

<table>
<tr>
<td>

SJ　作为数字营销高级SEO专家，请生成与格力空调相关的长尾关键字列表。

当我们谈论长尾关键字时，我们是指那些相对具体、目标明确且可能搜索量较低的关键字。为格力空调创建一个长尾关键字列表，我们可以考虑格力空调的特点、用户可能关心的问题以及其他相关细节。以下是与格力空调相关的长尾关键字建议：

1. 格力空调安装指南
2. 格力空调能效如何
3. 格力空调最新型号2023
4. 格力空调维修服务点
5. 格力空调遥控器故障解决方法
6. 格力与其他品牌空调比较
7. 格力空调冷气不足如何处理
8. 格力空调室内外机噪音问题
9. 格力空调节能技术特点
10. 格力空调滤网清洁步骤
11. 格力空调冬季使用提示
12. 格力空调智能控制功能介绍
13. 格力空调使用体验分享
14. 格力空调夏季优惠活动
15. 格力空调与中央空调的区别
16. 格力空调官方认证维修中心
17. 格力空调用户手册下载
18. 格力空调滤网更换频率
19. 格力空调室外机安装位置建议
20. 格力空调售后服务评价

当然，为了确保上述长尾关键字的有效性，建议使用关键字研究工具（如Google关键字规划工具、Ahrefs、SEMrush等）进行验证和优化。此外，不断关注格力空调的新产品和服务，以及市场上的用户反馈和评价，可以帮助您不断更新和优化长尾关键字列表。

↺ Regenerate

Send a message ▷

</td>
<td>

提示语：

"请利用提示语工程技术，为特定的产品或服务生成可能的关键字和长尾关键字。"

实验步骤描述：

①使用 GPT 或其他模型，输入对产品或服务的描述

②要求模型生成可能的关键字列表

③进一步要求模型为每个关键字提供相关性和潜在的搜索量预测

④评估生成的关键字列表，并与传统的关键字研究工具进行对比

</td>
</tr>
</table>

2. 营销渠道研究的提示语工程实践

<table>
<tr>
<td>

SJ　作为一名高级SEO专家，希望推广其描绘给格力公司的格力空调且预算为10000元的客户，请生成一个表格，显示应在哪些营销渠道上花费多少钱。使用营销渠道、预算分配及其背后的推理。

针对10000元的预算进行数字营销策略制定时，我们需要确保预算的分配可以最大化ROI。以下是一个简化的预算分配表，列举了几个主要的数字营销渠道，预算分配以及背后的推理：

营销渠道	预算分配（元）	推理
SEM（搜索引擎营销）	4000	1.快速获取可见性和流量。 2.有助于针对特定长尾关键字吸引潜在客户。
SEO（搜索引擎优化）	2000	1.长期投资，有助于提高自然搜索排名。 2.可为格力空调带来持续的、免费的流量。
社交媒体广告	2500	1.针对特定的目标人群进行定向广告投放。 2.可以通过社交分享快速传播品牌信息。
内容营销	1000	1.建立品牌的权威性和信任度。 2.提供有价值的内容可以促进客户的转化。
电子邮件营销	500	1.针对已有的潜在客户进行深度营销。 2.高ROI，对于宣传促销和特别优惠特别有效。

总计：10000元

这只是一个基本的预算分配建议，具体的分配可能需要根据目标受众、竞争对手的策略、市场趋势以及公司的业务特点进行调整。此外，定期监测和分析各个渠道的效果也是必要的，这样可以根据实际的数据进行优化和调整。

↺ Regenerate

Send a message ▷

ChatGPT may produce inaccurate information about people, places, or facts. ChatGPT August 3 Version

</td>
<td>

提示语：

"基于提示语工程，描述一个新产品的最佳数字营销渠道，并解释原因。"

实验步骤描述：

①提供一个新产品或服务的详细描述

②使用模型，查询最佳的数字营销渠道

③要求模型提供每个推荐渠道的潜在效果和投资回报率（ROI）预测

④与已知的营销渠道策略进行对比，评估模型的建议

</td>
</tr>
</table>

任务实施

（续）

操作截图	操作步骤
3. 调整网页标签和PPC广告的提示语工程实践	
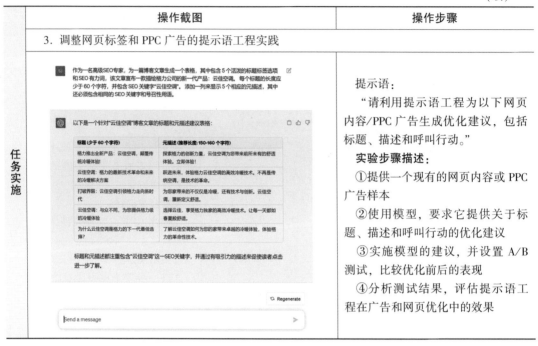	**提示语：** "请利用提示语工程为以下网页内容/PPC广告生成优化建议，包括标题、描述和呼叫行动。" **实验步骤描述：** ①提供一个现有的网页内容或PPC广告样本 ②使用模型，要求它提供关于标题、描述和呼叫行动的优化建议 ③实施模型的建议，并设置A/B测试，比较优化前后的表现 ④分析测试结果，评估提示语工程在广告和网页优化中的效果

（任务实施）

 课后延展

在传统的认知里，我们通常认为人工智能会率先替代体力劳动，然后再进入认知劳动领域，最后才是创造性劳动领域。但是AIGC实际上会在非常开放的创新性场景中将人工智能的能力体现出来，这是一个颠覆大众传统认知的地方。

——《AIGC 未来已来：迈向通用人工智能时代》作者翟尤、郭晓静、曾宣玮

人类的创造力也终将赋予机器创造力，把世界送入智能创作的新时代。从机器学习到智能创造，从PGC、UGC到AIGC，我们即将见证一场深刻的生产力变革，而这份变革也会影响到我们工作与生活的方方面面。

——《AIGC：智能创作时代》作者杜雨、张孜铭

 自我测试

1. 说一说：用ChatGPT提问题，和过去的搜索引擎有什么差别？为什么会有这些差别？

2. 想一想：你平时在节目中看到的数字虚拟人，其背后有哪些技术驱动？

3. 试一试：在一个虚拟场景生成中，完成一段AI图像或AI换脸。未来内容创造是不是可以更个性化、高效化？

| 任务四 |
智慧医疗 —— 健康有 AI 来守护

【教学目标】

1. 初步了解人工智能技术在医疗健康领域的应用
2. 了解医疗机器人如何助力医生完成复杂的外科手术
3. 掌握图像识别和深度学习在影像辅助诊断中的重要作用
4. 了解人工智能技术在传统中医诊脉中的应用

【教学要求】

1. 知识点

AI + 医疗健康　医疗机器人　IBM Watson　智能诊脉

2. 技能点

掌握"智能诊脉"实训操作。

3. 重难点

本任务的重点是人工智能在医疗健康领域的应用，人工智能技术与中医的结合如何发挥各自所长；难点是在疫情防控及诊治工作中，人工智能技术起到的作用，以及在未来的大健康产业中还将发挥的重要作用。

【专业英文词汇】

Automatic Control Technology：自动化控制技术

Instrument of Pulse：脉诊仪

Intelligent Recognition of Medical Image：医学影像智能识别

Medical Robot：医疗机器人

Medical Wisdom：智慧医疗

The Man-Machine Interaction Design：人机交互设计

任务导入

一场突发的新冠疫情让"无接触"服务首次大规模地进入了公众生活。2003年非典疫情暴发时，人工智能只是存在于科幻电影中的概念，而如今，曾经那个遥远的科技梦已成为现实，并在新冠疫情的防控工作中贡献力量。无人机在空中喷药消毒、巡检；人工智能无感测温在机场、火车站等交通枢纽应用；疫情防控机器人拨打疫情排查电话，承担了室外消毒清洁、医疗物资配送、隔离区巡检等工作。可以说，在这一场没有硝烟却生死攸关的战斗里，人工智能已参与了硬核战"疫"。

人工智能无接触式测温系统应用界面

在本任务中，通过介绍人工智能技术在医疗健康领域的应用场景，可以看到从诊断到健康治疗，再到智能设备，医疗企业与人工智能的融合已是大势所趋。进一步思考：智慧医疗离人们还远吗？当人工智能碰到传统中医，"治未病"的中医思想如何发挥所长？最后通过设置"智能诊脉"的实训项目，让大家更好地了解"诊脉"也能智能化。

 内容概览

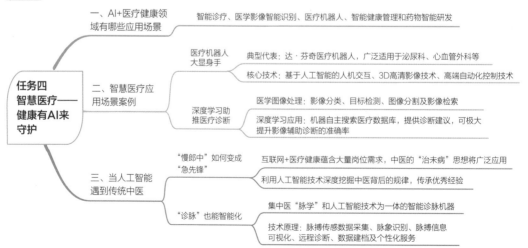

相关知识

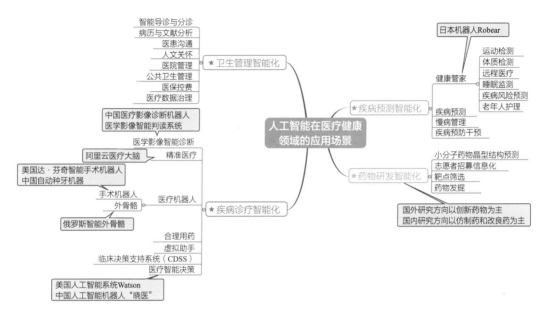

人工智能在医疗健康领域的应用场景

一、AI＋医疗健康领域有哪些应用场景

随着人工智能技术与医疗健康领域的融合不断加深，其应用场景越发丰富，人工智能辅助技术也在多个医疗细分领域提供帮助。未来，基于大数据的深度学习将改变医疗行业，对疾病提供更快速、准确的诊断和治疗，对健康管理提供更具前瞻性的分析与干预，医疗健康的智能化、普惠化将离人们越来越近。可以预想，未来人工智能在医疗健康领域将从至少以下五个方面影响人们的生活。

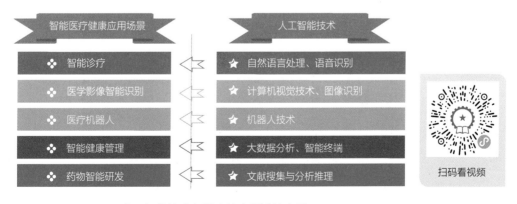

人工智能技术在医疗健康领域的应用

1. 智能诊疗

智能诊疗是将人工智能技术应用于疾病诊疗中，计算机可以帮助医生进行病理、体检报告等的统计，通过大数据和深度学习等技术，对病人的医疗数据进行分析和挖掘，自动识别病人的临床变量和指标。计算机通过"学习"相关的专业知识，模拟医生的思维和诊断推理，从而给出可靠诊断和治疗方案。智能诊疗是人工智能在医疗领域最重要也是最核心的应用场景。

例如常见的低剂量肺部CT健康筛查，通过利用人工智能技术对肺结节等多种病理影像进行识别，其准确率超过90%，在人工智能诊疗系统的辅助下，医生可以清晰地看到标注影像检查中的肺部结节，精确度达到毫米级。

2. 医学影像智能识别

医疗数据中有超过90%的数据来自于医学影像，但是影像诊断过于依赖人的主观意识，容易发生误判。人工智能通过大量学习医学影像，可以帮助医生进行病灶区域定位，减少漏诊、误诊问题。人工读片与人工智能读片的比较见表4-6。

表4-6 人工读片与人工智能读片的比较

人工读片	人工智能读片
主观性无法避免	较为客观
知识遗忘	无遗忘
较少信息输入即可快速建模	建模需要更多信息输入
信息利用度低	信息利用度极高
重复性低	重复性高
定量分析难度大	定量分析难度低
知识经验传承困难	知识经验传承容易
耗时、成本高	成本低

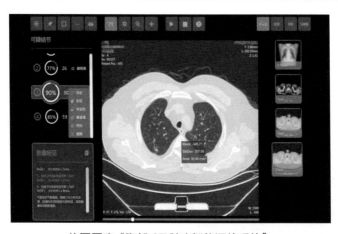

依图医疗"胸部CT肺炎智能评价系统"

3.医疗机器人

机器人在医疗领域的应用非常广泛，例如智能假肢、外骨骼和辅助设备等技术修复人类受损身体，医疗保健机器人辅助医护人员的工作等。目前，主要集中在外科手术机器人、康复机器人、护理机器人和服务机器人方面。

4.智能健康管理

人工智能设备可以监测到人们的一些基本身体特征，如饮食、身体健康指数、睡眠等。人工智能设备可对身体素质进行简单的评估，提供个性的健康管理方案，及时识别疾病发生的风险，提醒人们注意自己的身体健康安全。目前主要应用在风险识别、虚拟护士、在线问诊、健康干预和健康管理方面。

5.药物智能研发

依托数百万患者的大数据信息，人工智能系统可以快速、准确地挖掘和筛选出适合的药物。通过计算机模拟，人工智能可以对药物活性、安全性、副作用进行预测，找出与疾病匹配的最佳药物。这一技术将会缩短药物研发周期，降低新药成本并提高新药的研发成功率。

二、智慧医疗应用场景案例

（一）医疗机器人大显身手

说起医疗机器人，人们最熟悉的大概是达·芬奇医疗机器人了。达·芬奇医疗机器人的技术源于麻省理工学院（原名斯坦福研究学院），初衷是研制出适合战地手术的医疗机器人。之后经过不断商业化，目前已发展到第五代。达·芬奇医疗机器人的设计理念是通过使用微创的方法，实施复杂的外科手术，广泛适用于普外科、泌尿科、心血管外科、胸外科、妇科、五官科和小儿外科等。它也是世界上仅有的、通过美国 FDA 认证的，可以正式在手术中使用的医疗机器人系统。

可以设想这样一个场景：在一个小玻璃瓶内，一粒葡萄在接受医疗机器人做手术。整个流程是由一台叫作达·芬奇的医疗机器人完成的，它先是用机械手撕开了葡萄的表皮，然后又成功缝合了葡萄的表皮。葡萄的长度不到 2.5cm 且非常脆弱，葡萄皮的厚度不到 1mm。在达·芬奇医疗机器人缝完最后一针之后，葡萄基本上保持完整状态。

上文提到的达·芬奇医疗机器人并非是具备人形的机器人，严格来说它是一种高级机器人平台，由外科医生控制台、床旁机械臂系统、成像系统三部分组成。手术台机器人有三个机械手臂，在手术过程中，每个手臂各司其职且灵敏度远超人类，可轻松进行微创手术等复杂的手术。控制终端可将整个手术 2D 影像过程还原成高清 3D 图像，由医生监控整个过程，极大地提高了手术精准度。

给葡萄做外科手术的达·芬奇医疗机器人

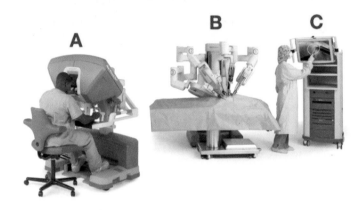

达·芬奇医疗机器人

从核心技术来看，达·芬奇医疗机器人主要包括以下三点：

- 基于人工智能技术的人机交互设计实现了医生在主控台的精准性与控制性。
- 3D 高清影像技术形成了 3D 立体图像，手术视野图像被放大 10 ~ 15 倍，提供真实的 16:9 的全景 3D 图像。
- 高端自动化控制技术实现了可自由运动的机械臂腕部，完成一些人手无法完成的极为精细的动作，触及范围更广，手术切口也可以开得很小。

除了达·芬奇医疗机器人外，一些其他类型的医疗机器人也开始大量出现在市场当中。日本厚生劳动省已经正式将"医疗用混合型辅助肢"列为医疗器械在日本国内销售，主要用于改善肌萎缩侧索硬化症、肌肉萎缩症等疾病患者的步行机能。除此之外，还有智能外骨骼机器人、眼科机器人、植发机器人等。

随着人工智能技术的发展，更多的医疗机器人将不断涌现。未来已来，智慧医疗离人们还远吗？

（二）深度学习助推医疗诊断

众所周知，诊断和治疗方案是医疗的核心部分，而现在医院的诊断基本依靠彩超、CT、MRI、PET-CT 等影像完成。在此过程中，将产生大量的图像和数据，而如何对影像进行判断，直接取决于医生的经验和认知，医学图像解释受到医生主观性因素（医生巨大差异认知和疲劳）的影响。因此，图像识别和深度学习在影像辅助诊断中至关重要。

据统计，医疗数据中有超过 90% 来自医学影像。美国医学影像数据的年增长率为 63% ，而放射科医生数量的年增长率仅为 2% ；国内医学影像数据和放射科医生数量的年增长率分别为 30% 和 4.1% 。因此，运用人工智能技术识别、解读医学影像，帮助医生定位病灶，辅助诊断，可以有效弥补其中的缺口，减轻医生工作负荷，减少医学误判，提高诊疗效率。以美国哈佛医学院参与的智能诊断临床试验为例，在人工智能的辅助下，可将乳腺癌的误诊率从 4% 降至 0.5% 。

从其主要技术原理来看，主要分为两部分：

1. 图像识别技术

（1）计算机处理　计算机对搜集到的图像进行预处理、分割、匹配判断和特征提取一系列操作。

（2）计算机辅助检测　用于医学图像分析，并且非常适合引入深度学习。利用计算机图像处理技术对 2D 切片图像进行分析和处理，实现对人体器官、软组织和病变体的分割提取。

（3）进行 3D 重建和 3D 显示　辅助医生对病变体进行定性甚至定量分析，从而大大提高医疗诊断的准确性和可靠性。在医疗教学、手术规划、手术仿真中也能起重要的辅助作用。

目前，医学图像处理主要集中表现在影像分类、目标检测、图像分割及影像检索四个方面。

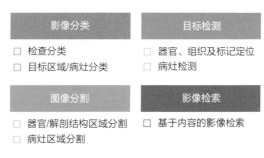

医学图像处理主要集中的四个方面

2. 深度学习技术

与传统的机器学习方法相比，其最大的不同在于操作者无须定义特征，只需输入原始数据，机器将通过输入的图像数据与输出的目标之间来自主寻找最有代表性的特征，从患者病历库以及其他医疗数据库中搜索数据，最终提供诊断建议。目前来看，人工智能技术将极大提升影像辅助诊断的准确率，相较于人工，对临床结节或肺癌诊断的准确率高出 50% ，可以检测整个 X 光片面积 0.01% 的微骨折，对某一器官的特定病例进行判断、筛查、诊断，可达到主任医生级水平。

三、当人工智能遇到传统中医

（一） "慢郎中"如何变成"急先锋"

2020年开年的一场新冠疫情对中国乃至全球的健康产业提出了迫切的要求和挑战，尤其对于传统中医来说，如何借助人工智能技术，从"慢郎中"变成"急先锋"，成为传统与新技术碰撞产生火花的新命题。

中医历史悠久，源远流长，但在科学技术飞速发展的时代，其自身理论体系的科学性却逐渐被人质疑，中医的发展也面临着严峻的挑战。但随着近年来国家和社会对中医的不断重视和"正名"，大家开始认识到，中医和西医不是简单的比较关系，而是相互补充、各有所长，此次新冠疫情中的很多防治和治疗方案便充分体现了这一思想。尤其随着"大健康时代"的来临，"治未病"的中医思想更应该被重视和发扬，让广大的亚健康人群提前得到医疗预防和服务。

2018年4月，国务院办公厅发布《关于促进"互联网＋医疗健康"发展的意见》，其中提出推进"互联网＋"人工智能应用服务。支持中医智能辅助系统应用，提升基层中医诊疗服务能力。开展基于人工智能技术、医疗健康智能设备的移动医疗示范，实现个人健康实时监测与评估、疾病预警、慢病筛查和主动干预。

这其中蕴含了未来的行业发展方向和大量崭新的岗位需求。

中医诊断是对疾病信息的提取，"望闻问切"就是一种提取方式，这种信息收集过程，单靠人工是不完整和不规范的。很多知名老中医受追捧的原因，是因为他们掌握了大量的诊断、治疗案例；学习中医过程中需要"引经据典"，也需要对数据进行积累和分析。现在的中医学校中，学生同时能跟几位老专家学中医，已经很不容易。那么未来，将大数据进行收集梳理，再辅助人工智能分析后，学生可同时请教一大批数据化的"古今名医"，利用人工智能技术深度挖掘中医背后的规律，传承优秀经验。

（二） "诊脉"也能智能化

"诊脉"是中医最关键、最具特色同时也是最复杂的一环。有人说"一个会诊脉的中医，至少需要十年时间，才能有所作为"。可见，一方面"诊脉"难学，因其理论艰涩难懂，难以领会；另一方面"诊脉"需要大量的实践工作，才能堆积出经验。如何有效地传承中医的精髓，让智能机器辅助医生问诊？很多中医企业在不断地拥抱新技术，研发新产品。

智能脉诊仪是一款集中医"脉学"和人工智能技术为一体的智能诊脉机器，具有智能化、便携化的特点，方便个人和家庭即时诊脉。其采用的技术是复合性的。

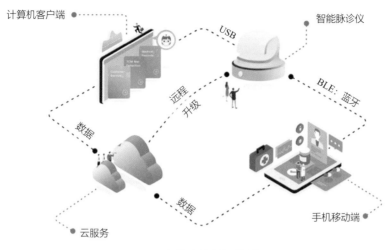

智能脉诊仪运作图

一是要有精通中医诊脉的医生通过多年的实践收集数据，形成经验。二是基于压力传感及仿人体皮肤触觉传感技术的中医脉象识别算法。三是通过 3D 脉学图谱技术，将患者的脉搏信息可视化传递给患者和医生，形成一份完整的健康报告，一方面协助患者了解自身健康信息，另一方面协助医生更为准确、高效地完成中医诊疗。四是采用互联网技术实现信息的即时诊断。

用户在家通过智能脉诊仪进行脉搏检验，通过手机移动端或计算机客户端上传脉搏信息，医生进行远程诊断，给用户反馈健康信息，并且提出健康管理建议或治疗方案。同时，将该诊断信息纳入数据库保存，数据库建立起来之后，便能依托数据建立起一整套科学的评价体系。

当数据量达到一定规模时，便能通过人工智能系统进行智能识别。用户将脉搏检验信息输入管理平台，系统便能通过数据进行比对和核查，从而快速给出反馈。这样一能提高中医的问诊效率，二能节约用户的时间成本和问诊费用。同时，通过长期积累，建立个人健康资料管理数据库，可以更好地为个人提供个性化的医疗保健服务。

随着人工智能技术的不断提升，在中医领域的应用将越来越广泛。小小智能脉诊仪，传承传统，连接未来。当人工智能遇到传统中医，未来还远吗？

 实训任务

实训项目 智能诊脉

任务描述	基于前面对智慧医疗行业现状需求以及人工智能技术在智慧医疗行业应用场景的学习和了解，依托智能脉诊仪设备及平台，进行硬件联调、平台操作等一系列实训过程，读者可以自主完成左右手脉象测量、查看个人测脉报告、查看养生建议和线上智能开药方等流程，对于日常的个人健康监控与养生具有实际的辅助作用

（续）

任务目标	通过"智能诊脉"实训项目实践主要达到以下目的： ➤ 深入了解人工智能+智能诊脉应用场景的设计与实现 ➤ 清楚智能脉诊仪等设备的结构与原理，以及中医脉象诊断基础知识 ➤ 了解智能脉诊仪数据指标及数据采集、数据处理、数据分析的过程与原理 ➤ 掌握智能脉诊仪与平台的联调、操作，自主完成左右手脉象测量等流程 ➤ 能够在智慧医疗的其他具体场景中，应用人工智能思维发现问题、解决问题

	操作截图	操作步骤
任务实施	1. 智能脉诊仪等硬件的组装与连接，智能脉诊仪客户端安装	
		智能脉诊仪等硬件与计算机连接 　了解智能脉诊仪的结构与原理，以及中医脉象诊断基础知识，理解智能脉诊仪、计算机、平台的联动运行机制
	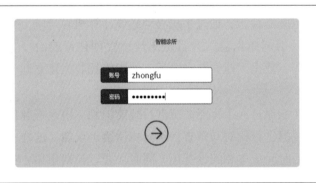智能诊所 账号 zhongfu 密码 ·········	智能脉诊仪客户端安装 　了解智能脉诊仪数据指标及数据采集、数据处理、数据分析的过程与原理
	2. 进行智能脉诊仪设备与平台联动及调试，完成左右手脉象测量	
	连接脉诊仪 COM　COM3 确定 连接脉诊仪	运行智能脉诊仪平台，完成智能脉诊仪的联动及调试 　清楚智能脉诊仪平台的启动与登录、智能脉诊仪联动及调试的流程与操作

（续）

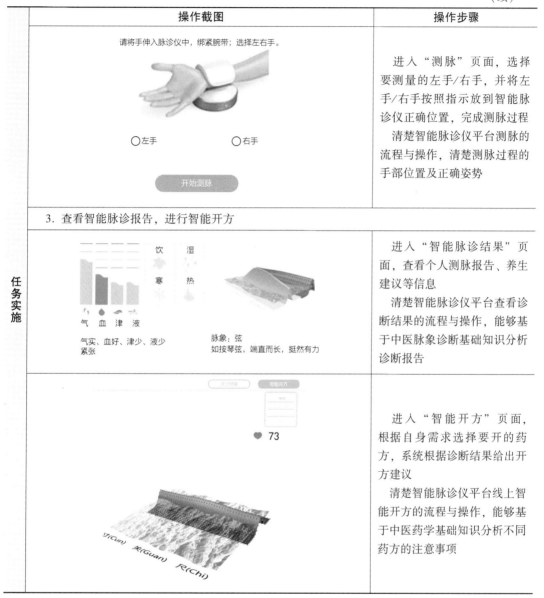

操作截图	操作步骤
请将手伸入脉诊仪中，绑紧腕带；选择左右手。（图）○左手 ○右手 开始测脉	进入"测脉"页面，选择要测量的左手/右手，并将左手/右手按照指示放到智能脉诊仪正确位置，完成测脉过程 清楚智能脉诊仪平台测脉的流程与操作，清楚测脉过程的手部位置及正确姿势

3. 查看智能脉诊报告，进行智能开方

饮 湿 寒 热 气 血 津 液 气实、血好、津少、液少紧张 脉象：弦 如按琴弦，端直而长，挺然有力	进入"智能脉诊结果"页面，查看个人测脉报告、养生建议等信息 清楚智能脉诊仪平台查看诊断结果的流程与操作，能够基于中医脉象诊断基础知识分析诊断报告
进入测脉 智能开方 ♥ 73 寸(Cun) 关(Guan) 尺(Chi)	进入"智能开方"页面，根据自身需求选择要开的药方，系统根据诊断结果给出开方建议 清楚智能脉诊仪平台线上智能开方的流程与操作，能够基于中医药学基础知识分析不同药方的注意事项

（左侧竖排：任务实施）

课后延展

智慧医疗的产业链条中包括三个非常重要的环节：一是研发；二是应用；三是评价监管。研发到应用，应用反过来促进研发，评价和监管始终贯穿研发到应用的全生命周期。

——中国工程院院士 胡盛寿

你不是在运行 Watson，你是在和它一起工作。Watson 和你都会学得更快。

——IBM Watson 宣传片

　　像我们现在所看到的大多数已被应用到医疗健康领域的人工智能系统几乎都依赖大型数据库，这些人工智能系统会通过各种复杂的统计模型和机器学习技术，从其所收集到的海量数据中自动提炼出各种重要信息。

——《人工智能：改变未来的颠覆性技术》作者周志敏、纪爱华

 自我测试

　　1. 想一想：现在人们身边有哪些智能医疗健康应用的场景和工具？手机 APP 里面有很多功能，如睡眠是否健康，心理是否有压力，这是怎么测试到的？原理是什么？

　　2. 未来能否在社区、家庭等借助中医智能辅助系统，实现个人健康实时监测与评估、慢性病防治等？对现有的医疗体系有什么支持和补充？深度思考"互联网＋医疗"人工智能应用服务可能带来的职业变化，随着"大健康时代"的来临，有哪些新职业出现和新岗位能力要求？健康管理师和护士有差别吗？

| 任务五 |

智慧环保 —— 地球卫士新生代

【教学目标】

1. 掌握人工智能在环保领域的典型应用场景
2. 了解人工智能在垃圾分类、水域及空气污染监测防治中的具体应用
3. 进行"垃圾智能分类"实训

【教学要求】

1. 知识点

人工智能在环保领域的应用　智慧环保　垃圾智能分类　河道漂浮物智能监测　大气污染防治智能化

2. 技能点

掌握"垃圾智能分类"实训操作。

3. 重难点

本任务的重点是人工智能技术在环保领域的典型应用场景及原理，在环境监测、污染防治等方面发挥的价值；难点是理解各类人工智能识别技术在"智慧环保"中的综合应用，结合过往学习内容充分思考具体应用场景下的创新与改进之处，并付诸实践。

【专业英文词汇】

Air Quality Monitoring：空气质量监测

Air Pollution Prevention and Control：大气污染防治

Cognitive Computing：认知计算

Environmental Monitoring：环境监测

Garbage Classification：垃圾分类

Green Horizon：绿色地平线

Intelligent Environmental Protection：智慧环保

任务导入

自上海强制实施生活垃圾分类开始,相关话题便成为人们茶余饭后的谈资。"扔一杯奶茶分四步走"或是玩笑,但也是严谨的讨论。虽然全社会都在宣传和普及着垃圾分类的知识,但要让全民把一个新条例变成一个自然而然的新习惯,的确需要时间,更需要帮手和方法。那么在这个领域,人工智能能够做什么?

垃圾分类的背后,是人类正面临着环境污染与生态破坏的严峻现实。雾霾、污染一步步地给人类敲响警钟,在地球和大自然面前,一切都显得异常渺小。地球会因为人类的破坏,变成一个"流浪地球"吗?

环境问题已刻不容缓,"智慧环保"已成为全球议题,人工智能如何赋能环保?"智慧环保"能助力我们改善环境、保护地球生态吗?

内容概览

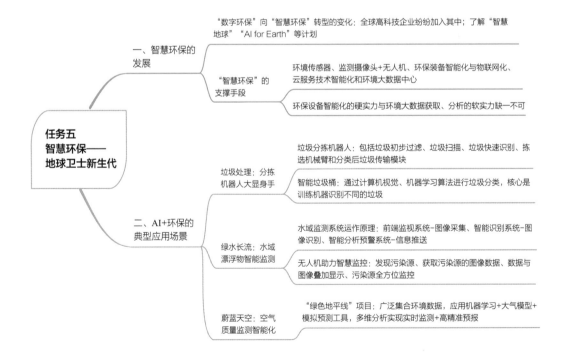

相关知识

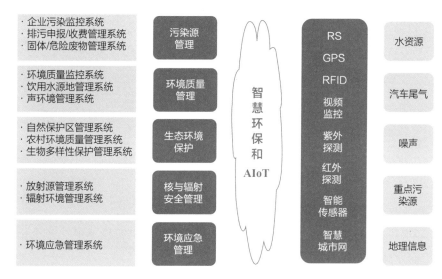

智慧环保应用领域

一、智慧环保的发展

"如果地球病了，没有人会健康。"面对环境污染，人类除了做好自律和约束外，还有什么"新武器"可以借用？

2009 年，IBM 提出"智慧地球"的概念，标志着"数字环保"开始向"智慧环保"迈进。智慧环保旨在通过人工智能、物联网、云计算等新技术的推动，实现物体信息智能化识别、定位、跟踪、监控与管理，最终实现数据的实时获取、更新与智能化决策管理。

2017 年，微软公司启动"AI for Earth"计划，通过人工智能技术助力解决全球环境问题，包括气候变化、水资源、农业和生物多样性等问题；阿里启动"青山绿水"计划，全面开放 ET 环境大脑的智能技术，依托算法和计算能力，对大量的环境参数进行交叉分析和计算，如气温、风力、气压、湿度、降水和太阳辐射等，从而找出这些数字背后的关系，用来辅助政府和相关组织对生态环境问题的决策与监管。

在人工智能技术的赋能下，智慧环保不再是纸上谈兵，智慧水务、智慧环卫、智慧能源和智慧分类等都逐步成为现实。技术的崛起不仅推动各种环保设备的智能化、信息化，为环保行业提供"硬实力"，与此同时，人工智能还通过赋能无人机、机器人等科技产品，对大气、土壤、水资源等进行关键信息收集与处理，从而为环保带来以大数据形式呈现的"软实力"。

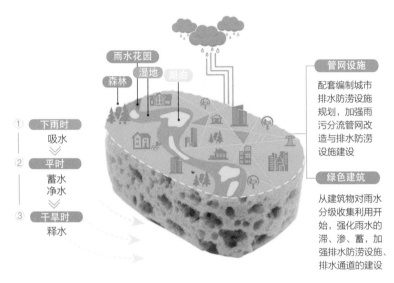

海绵城市概念图

"智慧环保"通过哪些工具和手段来实现？概括来看，"智慧环保"整个体系包括感知数据、传输计算、决策应用环节。

环境监测感知体系

1. 环境传感器

环境传感器应用广泛，可有效感知外界环境的细微变化。主要包括气体传感器、水环境检测传感器、土壤污染检测传感器、土壤温度传感器、空气温湿度传感器、蒸发传感器、雨量传感器、光照传感器和风速风向传感器等。其中，作为环境监测系统的"三大基石"，气体传感器、水环境检测传感器、土壤污染检测传感器发挥着越来越重要的作用。

2. 监测摄像头＋无人机

可视化环境监测在环境治理中发挥着"耳目"的作用，在人工智能视觉技术、无人机技术的支持下，大气污染、水污染、固废污染、土壤污染都可以得到更好的监测，为环境治理提供决策依据。

3. 环保装备智能化与物联网化

未来，智能化、物联网化必将是环保装备的发展趋势，远程化设计、智能化系统、一体化控制的环保装备能做到"环保"与"效率"两不误，保证高效运行和节能降耗。

4. 云服务技术智能化

云服务不仅仅是记录、存储原始数据，还要对各种原始数据进行加工、深度挖掘，从而为决策提供可靠的依据。同时，环保装备的设备管理、网络状态、远程维护等都是云服务特定的内容。

5. 环境大数据中心

环境大数据包罗万象，是智慧环保的核心环节。借助大数据采集技术，环境大数据中心将收集到的大量关于各项环境质量指标的信息传输到中心数据库，对数据进行深度智能分析和建模，实时监测环境治理效果，预测环境气象的变化趋势，使环境保护做到见微知著。

智慧环境监测系统大数据

二、AI＋环保的典型应用场景

环保与每一个人的生活息息相关，关系到空气、土壤、水源和食物等的安全。以下将重点介绍人工智能在垃圾处理、水域漂浮物智能监测、空气质量监测方面的典型应用。

（一）垃圾处理：分拣机器人大显身手

垃圾如何分类是城市生活垃圾处理中面临的最大问题之一，也是让每一个人头疼的问题。虽然大家的分类意识在提升，但社区的环保工人、志愿者等依然投入了大量的时间、精力去做垃圾的二次分类工作。若有个更好的助手帮助他们，该多省事。现在，已有一些城市应用了垃圾分拣机器人。

众所周知，垃圾分拣机器人的主要工作任务是完成垃圾的精准分类，但它背后的技术原理是什么？又该如何实现呢？

垃圾分拣机器人通常由垃圾初步过滤模块、垃圾扫描模块、垃圾快速识别模块、拣选机械臂模块和分类后垃圾传输模块组成。从这些模块的名称很容易联想到前面项目中学习到的人工智能应用技术，如图像识别、分类算法等。

下面以一个垃圾分拣机器人的工作原理为例进行说明。

- 各类垃圾通过传送履带传送给分拣机器人，不同的颜色代表不同的垃圾，也可通过垃圾的轮廓辨识。在识别技术上，应用了人工智能的图像识别技术，包括红外图像识别、自然光图像识别。在算法应用上，目标检测算法、显著性检测算法、分类算法和目标跟踪算法均有使用。
- 机器人在准确识别垃圾的类别、形状、移动速度后，可以自行调整抓取机械臂，更高速、更精确地实现抓取功能

扫码看视频

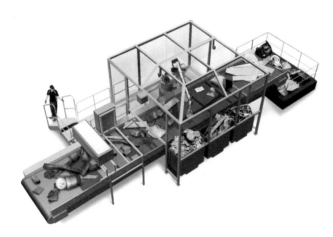

垃圾分拣机器人效果图

据报道，芬兰的 ZenRobotics 垃圾分拣机器人可以高精度分拣四种不同性质的垃圾碎片，有效分拣率可达 98%，最高分拣速度为 4000 件/h，全天候工作。

另外一个人工智能应用于垃圾分类的是智能垃圾桶。国外一款名为 Oscar 的垃圾分类系统，拥有一块 32in（1in＝2.54cm）显示屏和智能摄像头，通过计算机视觉、机器学习算法进行垃圾分类。Oscar 通过数百万张图像和传感器数据来快速训练，通过学习，可以识别数千类垃圾，并将其分为几百个不同的类别。目前，该系统仍在不断训练，可以从垃圾的可见信息中识别出垃圾具体是什么，并进行更准确的分类。

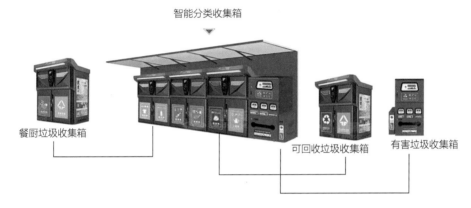

智能垃圾分类系统

在垃圾分类这个特殊岗位上，垃圾分拣机器人将受到"重用"。虽然目前由于技术水平有限等原因，机器人对于各种垃圾的识别存在一定困难，综合识别率有待提升，但是在人工智能技术的助推下，借助深度学习技术、计算机视觉技术，以及机器算法的进步，垃圾分拣机器人能够通过"学习"和"训练"，将垃圾识别率提升到更高水平。

（二）绿水长流：水域漂浮物智能监测

水资源保护已成为环保工作的重中之重，如何对工业污染、生活污染等进行监测预警非常重要。目前，河道水面的保洁方式还比较传统，即河道管理人员对水域定期巡查，当发现有大片漂浮物时，进行人工打捞。对于部分漂浮物频发的区域，通过安装视频监控，河道管理人员能够远程通过手机端或监控中心发现漂浮物，再通知保洁人员打捞，这虽然减少了巡查的工作量，但又提高了人工监视的工作量。

在人工智能、云计算、物联网和大数据等新一代信息技术的助推下，智能化的水域监测预警系统已经出现。该系统能够对漂浮物进行全面监测、识别、预警和分析，实现对河道漂浮物的动态监管。

1. 水域漂浮物监测识别预警分析系统运作原理

该系统主要包含前端监视系统、智能识别系统、智能分析预警系统。其基本原理是在漂浮物聚集处和边界断面设置视频监控，通过智能分析，识别出漂浮物的种类及严重程度，然后进行智能预警，通知管理人员及保洁人员及时清理。

（1）前端监视系统　即前端视频图像采集系统。这是满足漂浮物检测的一项重要基础，系统利用数字视频监控技术及有线、无线通信技术，实现对河道水面的实时监控，为监测、识别、预警和分析等综合应用提供视频图像来源。

河道漂浮物智能检测（1）

（2）智能识别系统　利用前端监视系统采集的大量河道视频图像资源，通过深度学习、图像识别、大数据等技术，智能识别河道漂浮物（包括类别、位置等）。

河道漂浮物智能检测（2）

（3）智能分析预警系统　其对接智能识别系统，进一步分析漂浮物的类别、面积、聚集情况等，并进行预警，实现预警信息的快速推送。主要功能包括识别区域设定，即以图框的形式在画面中设置关注区域；漂浮垃圾预警、人工确认，可对报警图片进行实时短信推送；漂浮垃圾预警查询；漂浮物分类；报警阈值设置。

河道漂浮物智能检测（3）

系统可识别出漂浮物是否为绿色植物（绿萍等）、垃圾（泡沫塑料、矿泉水瓶、垃圾袋等）、船只等，可根据需要设置报警类别。每个场景下，可设置报警阈值。报警阈值为漂浮物面积在识别区域中所占的百分比。

通过这样一整套包含图像采集、图像识别、智能分析的全流程，河道污染物在智慧的"眼睛"下，得到了及时的监控与预警。

2. 无人机助力"三位一体"智慧监控

为了让天更蓝，水更清，无人机也加入了"智慧环保"大家族，三位一体地协助进行巡视和监控。无人机是怎么工作的呢？

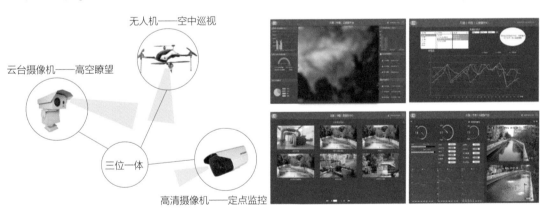

"三位一体" 污水智慧监控系统

（1）发现污染源 运用无人机的机动性以及云台摄像机的高空瞭望能力，及时发现污染现象，并定位污染源。

（2）获取污染源的图像数据 采集的图像与监测数据互为验证，保障监测数据的可靠性。

（3）数据与图像叠加显示　在监控中心实现图像与监测数据叠加显示，使监管更加方便直观。

（4）污染源全方位监控　运用无人机监控小作坊等零散污染源，做到多方位多维度获取排污图像数据。

（三）蔚蓝天空：空气质量监测智能化

当雾霾袭来时，同在一片天空下，谁都不能幸免。城市化和工业进程的加快，带来了能源过度消耗、大气污染等问题。近年来我们看到陆续有雾霾各级别警报，那来源在哪里？依据有哪些？

这就是人工智能应用技术大显身手的结果。下面以北京空气质量的监管预测为例进行介绍。为有效预测和治理北京的雾霾，北京市政府与IBM共建了"绿色地平线"项目。其目标是建立一整套对空气质量进行精准预测的智能系统，目前能提前72h生成高质量预测结果，未来有望达到10天。其实质是运用先进机器学习技术，从海量气象数据中获取分析能力并得出结论的一个实例——这种算法称为"认知计算"。

总体来看，该项目就是利用认知计算、大数据分析、物联网技术的优势，分析空气监测站和气象卫星传送的实时数据流，凭借自学习能力和超级计算处理能力，提供未来72h的高精度空气质量预报，实现对污染物来源和分布状况的实时监测。

- 从数据来源上，系统的数据整合工具功能强大，把众多数据点和数据来源进行融合，如环境监测站、交通系统、气象卫星、地形图、经济数据甚至社交媒体的数据等。
- 在工具应用上，系统将机器学习与传统的大气化学物理模型相结合，并通过模拟工具，在更短的时间内做出更好的预测，甚至可预估采取关闭工厂或者汽车限行等干预措施后的空气质量结果和经济后果。
- 从预测精准度上，系统通过先进机器学习建立"污染过程多维认知案例库"，可以从多个维度的历史污染过程和天气形势进行全自动化认知分析。一是实现实时监测，二是达到高精度预报。

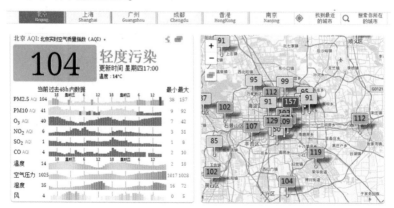

实时空气质量指数 （AQI） 及空气质量预报

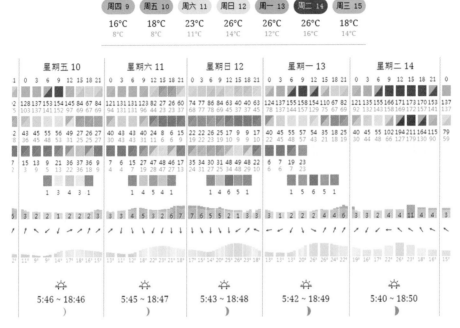

实时空气质量指数 （AQI） 及空气质量预报 （续）

污染预测是一项富有挑战性的工作。不论是小到生活中的垃圾分类，还是大到水资源的保护与空气质量的监测，这些都需要建立更多的认知案例库和数据集对人工智能进行训练，这样人工智能才能变得更"聪明"、更"智能"。

 实训任务

实训项目　垃圾智能分类

任务描述	基于前面对环境保护行业现状需求以及人工智能技术在环境保护行业应用场景的学习和了解，依托艾智讯平台实训演练模块，进行硬件组装、硬件联调、编程运行等一系列实训过程，可完成垃圾分类场景模拟，对镜头范围放置的垃圾图片卡进行分类，返回显示垃圾分类结果及置信度，音响提示将垃圾分类到某类垃圾回收桶（分为干垃圾、可回收物、湿垃圾、有害垃圾四种）
任务目标	通过"垃圾智能分类"实训项目实践主要达到以下目的： ➤ 深入了解垃圾分类应用场景的设计与实现 ➤ 能够针对垃圾分类算法模型需求，完成数据标注、模型训练等 ➤ 清楚 AI 模方、摄像头等硬件的结构与原理 ➤ 能够创建一个人工智能实训项目，并完成软硬件环境的联调 ➤ 掌握基本的编程逻辑、语法，通过图形化编程实现实训项目预设目标 ➤ 能够在环境保护的其他具体场景中，应用人工智能思维发现问题、解决问题

（续）

操作截图	操作步骤
1. 垃圾分类算法模型相关的数据集处理及模型训练	
	通过系统默认收集的各类垃圾图片，在平台上完成垃圾算法模型相关数据集的创建、标注等工作 清楚垃圾分类算法模型相关数据的收集要求、途径，以及标注操作
	垃圾分类算法模型创建、训练、校验、发布 清楚垃圾分类算法模型创建、训练、校验、发布的流程与操作，理解深度学习的概念、原理及应用
2. 进行计算机、摄像头、AI模方等硬件的组装与连接	
	将摄像头、AI模方与计算机连接 了解相关硬件的结构与原理，理解控制中心、传输网络、感应器、执行器组成体系的运行机制

任务实施

（续）

操作截图	操作步骤
3. 创建一个垃圾分类实训项目，并进行相关硬件与实训平台的联动及调试	
	通过艾智讯平台的"实训演练"模块，进入"垃圾智能分类实训项目"简介页，单击"开始实训"按钮，进入"硬件实验室"
	将摄像头、AI 模方相关硬件积木拖动至"编辑区"进行运行调试 学会使用实训平台的代码积木进行图形化编程、运行、调试，理解所用到的智能硬件积木的含义及使用方法
4. 根据垃圾分类过程、原理，完成图形化编程、模型调用	
 猪能吃的　猪不吃的　猪吃了会死的　卖了能买猪的 易腐垃圾　其他垃圾　有害垃圾　可回收物	调整相关硬件位置，模拟环境保护行业中垃圾分类场景 了解垃圾分类场景现状及需求，以及人工智能环境保护应用优化方案，理解垃圾分类过程、原理

任务实施

（续）

操作截图	操作步骤
任务实施 	将代码积木从"积木选择区"拖拽到"编辑区"进行拼接，然后修改基本代码参数，并运行、调试，实现实训项目预设目标 　理解所用到的通用模块积木、智能硬件积木、算法模型积木的含义及使用方法，掌握基本的编程逻辑、语法

课后延展

　　经过近几年的发展，人工智能已经从实验室走出来，被应用到人们的实际生活和工作中。那么，人工智能的应用是怎样落地的呢？它又给人们带来了哪些变化？大数据、云计算、深度学习支撑人工智能在工业、金融、医疗及教育等领域实现应用落地，物联网、工业 4.0、智能机器人、智慧医疗、智能教育、智慧生活多方位展现。

——《人工智能：未来商业与场景落地实操》作者张泽谦

　　随着经济社会发展和物质消费水平大幅提高，我国生活垃圾产生量迅速增长，环境隐患日益突出，已经成为新型城镇化发展的制约因素。遵循减量化、资源化、无害化的原则，实施生活垃圾分类，可以有效改善城乡环境，促进资源回收利用，加快"两型社会"建设，提高新型城镇化质量和生态文明建设水平。

——《生活垃圾分类制度实施方案》国发办〔2017〕26 号

自我测试

　　1. 结合本任务学习内容，查阅有关资料，思考及讨论人工智能技术在更广泛意义上的环境与生态保护方面（如节能减排、病虫害防治、森林防火和动植物保护等）有哪些应用和发展空间。

　　2. 结合具体的"智慧环保"应用场景（如上文提到的垃圾分类、污染监测等），想一想还有哪些创新和改进提升之处，可以小组为单位进行设计和实践。